KB230648

International Computer Driving Licence
실라버스 v.5.0

Module 3.
Word Processing
워드 프로세싱

Window XP, MS Office 2003, Internet Explorer 7 사용

한국생산성본부 정보문화원

International Computer Driving Licence
실라버스 v.5.0

Module 3.
Word Processing
워드 프로세싱

1판 1쇄 인쇄 · 2008년 4월 25일
1판 1쇄 발행 · 2008년 5월 1일

지 은 이 · 한국 ICDL 자격연구회
발 행 인 · 박우건
발 행 처 · 한국생산성본부 정보문화원
등록일자 · 1994. 9. 7
서울특별시 종로구 사직로 57-1(적선동 122-1) 생산성빌딩
전   화 · 02)738-1285(편집부)
          02)738-4900(마케팅부)
F A X · 02)738-4902
http : //www.kpc-media.co.kr
E-mail · kskim@kpc.or.kr

값 13,000원

Disclaimer

This training, which has been approved by Korea
Productivity Center (KPC), ICDL Licensee for Korea,
includes exercise items intended to assist ICDL
Candidates in their training for ICDL. These exercises are
not ICDL certification tests. For information about
authorised ICDL Test Centres in Korea or different national
territories, please refer to the ICDL Korea website at
www.icdl.or.kr.

워드 프로세싱
Word Processing

워드 프로세싱은 컴퓨터 기반(CBT: Computer Basic Test)으로 진행된다.

실습 파일 다운로드
본 교재는 본문 예제를 따라하기 위한 실습 파일이 필요하며 www.kpc-media.co.kr 에서 Wordprocess.exe 파일을 다운로드한다. 다운로드된 Wordprocess.exe 파일을 실행하면 자동으로 C:\Wordprocess 폴더에 압축이 해제되어 실습 파일을 사용할 수 있다.

학습 목표
워드 프로세싱은 일상적인 편지와 문서를 작성한 기본적인 워드 프로세서 응용 프로그램의 사용법을 요구한다.

❖ 문서 작성 후 다양한 파일 형식으로 저장할 수 있어야 한다.
❖ 도움말 기능을 이용하여 생산성을 향상시킬 수 있어야 한다.
❖ 다른 사람가 공유하고 배포할 수 있는 문서를 만들어 편집할 수 있어아 한다.
❖ 작성한 문서에 다양한 서식을 적용하여 가독성을 높일 수 있어야 한다.
❖ 문서에 표 및 이미지와 같은 다양한 개체를 삽입할 수 있어야 한다.
❖ 편지 병합을 이용하여 DM 발송물을 만들 수 있어야 한다.
❖ 문서를 인쇄하기 위한 페이지 설정 및 맞춤법 검사 등을 수행할 수 있어야 한다.

본 교재 구성 및 학습 방법
❖ 본 교재는 총6개의 Chapter로 구성되어 있으며 각 Chapter에는 주요 기능들이 Section 단위로 나누어 소개되고 있다.
❖ Tip을 통해 본문에 다루지 못한 부가적인 내용들을 소개하고 있으며, 잠깐만!에서는 초보자가 자주 범하는 실수를 제시하고 있으며, 용어설명을 통해 용어의 의미를 쉽게 파악할 수 있도록 안내 해 주고 있다.
❖ 각 Chapter 끝에는 학습한 내용을 스스로 확인할 수 있는 Self Task가 있어 정리 및 복습을 할 수 있다.
❖ 모든 Chapter를 학습한 후에는 총3회의 모의고사를 통해 자신의 실력을 점검할 수 있으며, 모의고사 풀이 과정에서 정답을 확인할 수 있다.

차 례

Chapter01. 프로그램의 기본 사용법

Chapter02. 문서 작성

Chapter03. 문서 서식

차 례

Chapter06. 문서 인쇄

모듈 모의고사

ICDL 실라버스 v.5.0 모듈3 ···························· 174

Chapter
01
프로그램의 기본 사용법

프로그램의 기본 사용법

>>> 워드프로세서는 기본적인 문서 작성 이외에 다양한 편집 기능을 제공하며 테마나 각종 서식을 사용하여 보다 효과적인 문서를 작성할 수 있는 프로그램이다. 간단한 문서의 작성부터 특정 용도에 맞게 여러 가지 기능을 이용한 복잡한 문서에 이르기까지 쉽고 빠르게 작성할 수 있다.

워드프로세서로 문서를 작성하면 새 문서를 만들 수 있고 언제든지 편집이 가능한 형태의 문서로 저장할 수도 있다. 또 여러 가지 형태로 문서를 보고, 이미 저장된 문서를 다시 다른 이름의 문서로 저장이 가능하다.

학습 목표

- 워드프로세서를 실행하거나 종료하는 방법을 알 수 있다.
- 새 문서를 작성하여 저장하고 문서를 여는 방법을 알 수 있다.
- 워드프로세서로 작성한 문서를 다른 형식의 문서로 저장할 수 있다.
- 프로그램 옵션을 변경 할 수 있다.

01 워드프로세서 실행 및 종료

워드프로세서를 실행하고 종료하는 방법에는 여러 가지가 있으므로 사용자가 편한 방법을 익혀서 사용하면 된다.

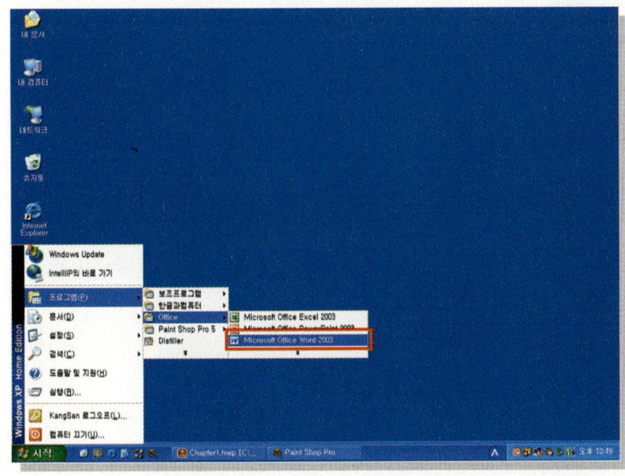

01 윈도우 바탕 화면에서 하단 작업 표시줄의 [시작] 메뉴에서 [프로그램]을 선택한 후 [Microsoft Office]–[Microsoft Office Word 2003]를 선택한다.

02 문서를 작성할 수 있는 워드 프로세서가 실행된다.

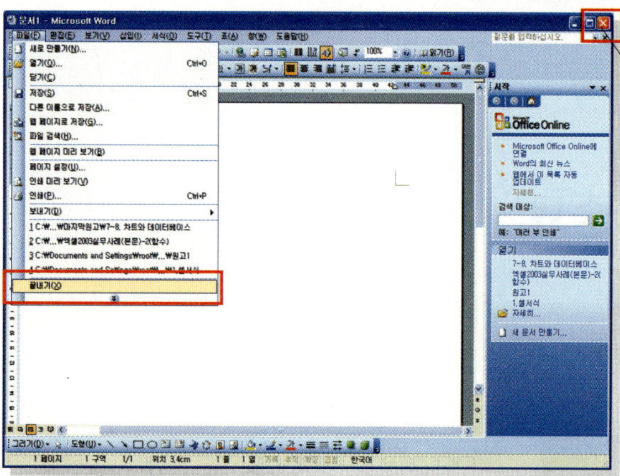

03 작업 중인 워드프로세서를 종료하기 위해서는 [파일] 메뉴의 [끝내기]를 선택하거나 화면의 오른쪽 상단의 [닫기] 아이콘(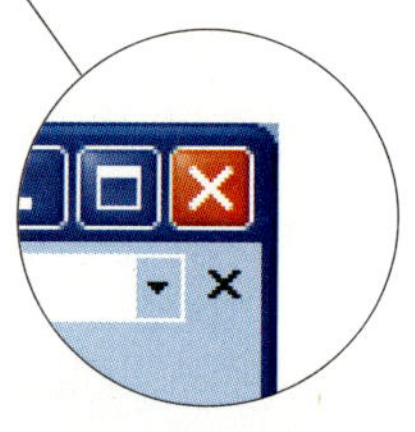)을 클릭한다.

---

tip 프로그램 종료와 문서 닫기의 차이

[파일]-[끝내기] 메뉴나, 제목 표시줄의 [닫기] 아이콘(❌)은 문서 닫기와 더불어 워드프로세서 프로그램을 종료한다. 그러나 메뉴 표시줄 오른쪽 상단의 [창 닫기] 아이콘(✕)은 문서만 종료하고 프로그램은 계속 실행되어 있게 된다.

02 새 문서 작성

새로운 문서를 작성하기 위해서 표준 도구 모음의 [새 문서] 아이콘을 선택하여 만드는 방법과 [파일] 메뉴의 [새로 만들기]를 선택하는 방법이 있다. 문장을 입력하면서 특정 줄의 마지막 위치까지 입력되면 자동으로 다음 행의 첫 번째 칸에 글자가 입력된다.

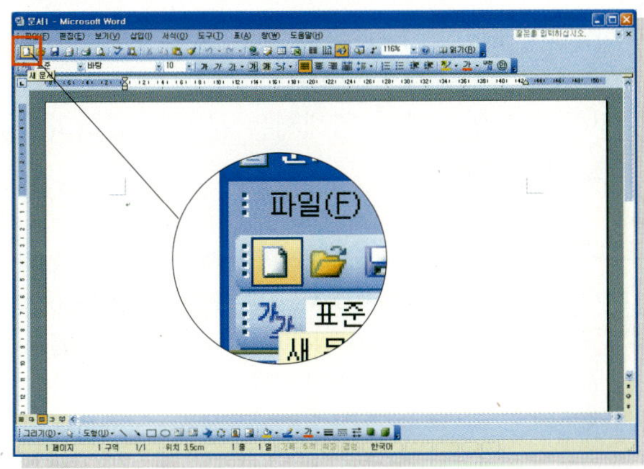

01 표준 도구 모음의 [새 문서] 아이콘( )을 클릭한다.

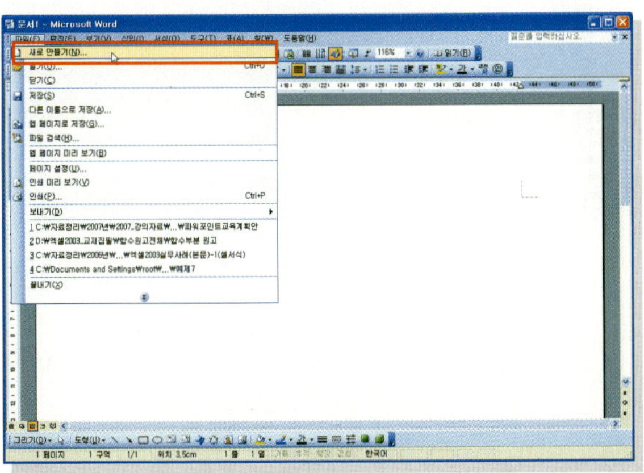

02 새 문서를 만드는 또 다른 방법은 [파일] 메뉴의 [새로 만들기]를 선택한다.

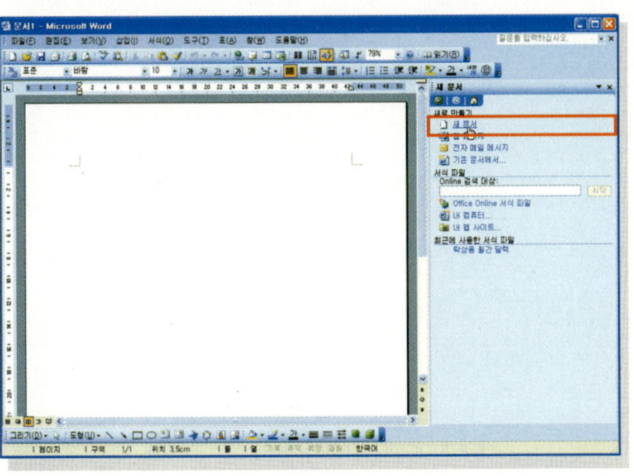

03 [새 문서] 작업창이 화면 오른쪽에 열리면서 새로 작업할 문서의 종류를 선택할 수 있다. [새로 만들기] 영역의 '새 문서'를 선택한다.
새로운 문서창이 열리면서 제목 표시줄에 '문서1' 이름이 부여된 새로운 문서가 실행된다.

 **서식 파일로 새 문서 만들기**

[새 문서] 작업창의 '내 컴퓨터'를 클릭하면 메모, 팩스, 회의 자료와 같은 미리 정의된 서식의 문서로 새 문서를 시작할 수도 있다.

03 문서 열기

워드에서 만든 문서를 저장하고 닫은 후 수정하거나 인쇄하기 위해서는 문서를 불러와야 한다. 저장해놓은 문서를 불러오는 방법에 대해서 알아보자.

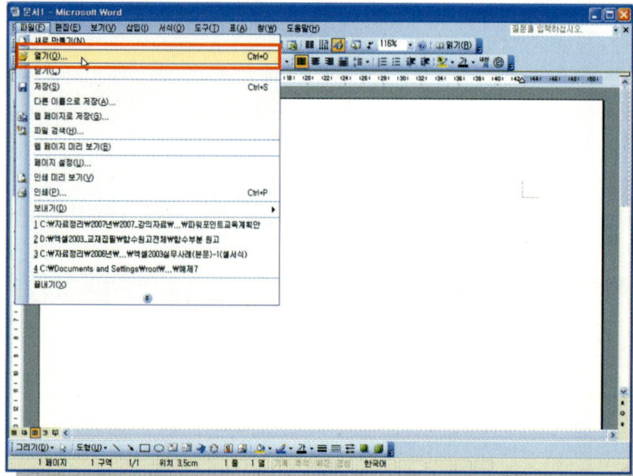

01 메뉴를 이용하여 문서를 불러오기 방법을 알아보자. 기존에 만들어 있는 문서를 열기 위하여 [파일] 메뉴에서 [열기]를 선택한다.

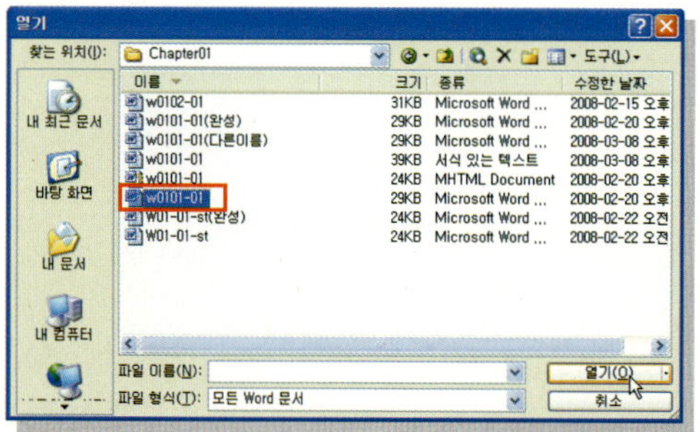

02 [열기] 대화 상자에서 불러올 파일이 저장되어있는 위치를 찾고 파일 목록 창에서 'w0101-01.doc' 파일을 선택한 후 [열기] 단추를 클릭한다.

〈시작 예제〉 C:\Wordprocess\Chapter01\W0101-01.doc

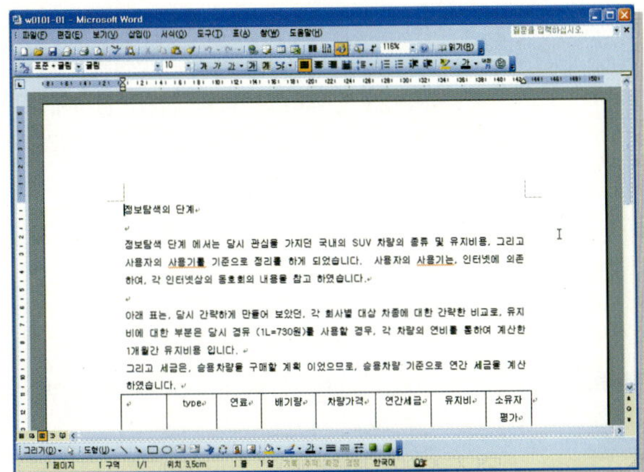

03 문서가 열리면서 내용이 보여진다.

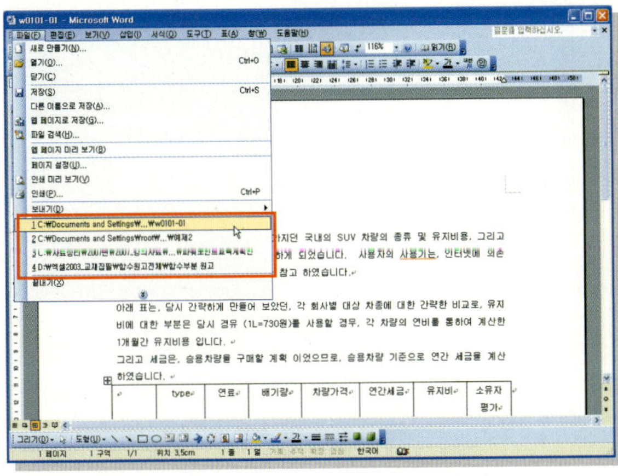

04 최근에 작성했던 문서를 쉽게 열 수 있다. [파일] 메뉴를 선택하면 메뉴 하단에 최근 사용한 문서 목록이 나타나며 실행하고자 하는 파일을 선택하면 문서 창이 열린다.

04 문서 저장

작성한 문서를 나중에도 편집이나 수정을 하길 원한다면 반드시 저장을 해야 한다. 한번 저장한 문서는 다른 이름으로 저장 할 수 있고 내용을 수정하여 또 다시 저장 할 수도 있다.

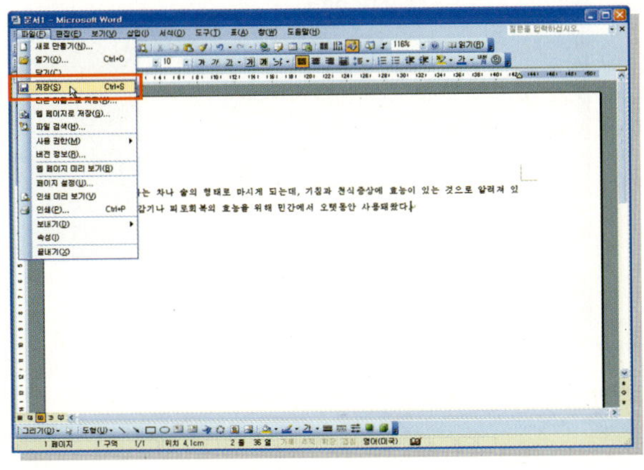

01 빈 새 문서를 열고 임의의 내용을 입력한다. 그리고 ① [파일] 메뉴의 [저장]을 선택한다. 또는 ② 표준 도구 모음의 [저장] 아이콘( )을 클릭하거나, ③ 단축키 (Ctrl+S)를 누른다.

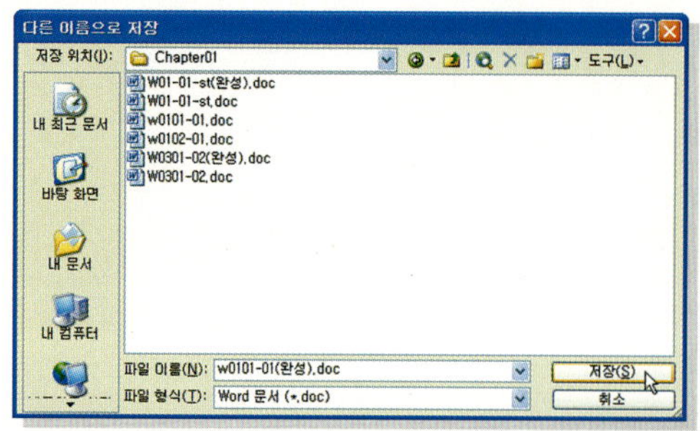

02 [다른 이름으로 저장] 대화 상자에서 [저장 위치]의 화살표를 눌러 문서를 저장할 위치를 선택하고 [파일 이름] 상자에 저장할 이름 'w0101-01(완성)'을 입력한 후 [저장] 단추를 클릭한다.
워드 문서의 기본 파일 형식은 '*.doc'이다.

03 제목 표시줄이 저장한 이름으로 바뀌어져 있다.

05 다른 이름으로 저장

작성한 문서의 복사본을 만들어 파일 이름을 다른 이름으로 변경할 수 있을 뿐만 아니라 저장하는 경로를 다르게 할 수 있다. 다른 이름으로 저장할 때 형식도 바꿔 저장할 수 있다.

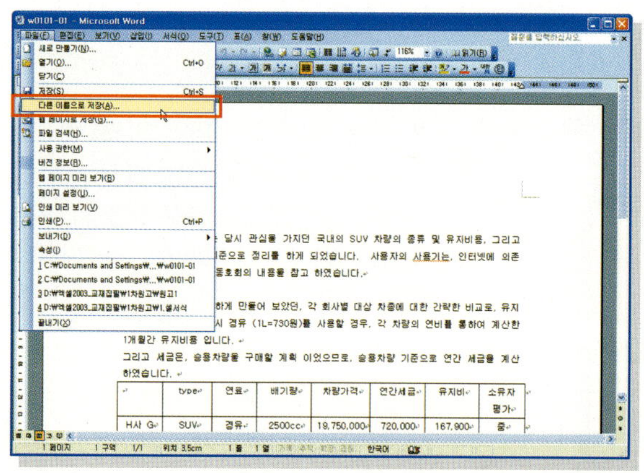

01 작성한 문서를 다른 이름으로 저장하기 위하여 [파일]-[다른 이름으로 저장] 메뉴를 선택한다.

〈시작 예제〉 C:\Wordprocess\Chapter01\W0101-01.doc

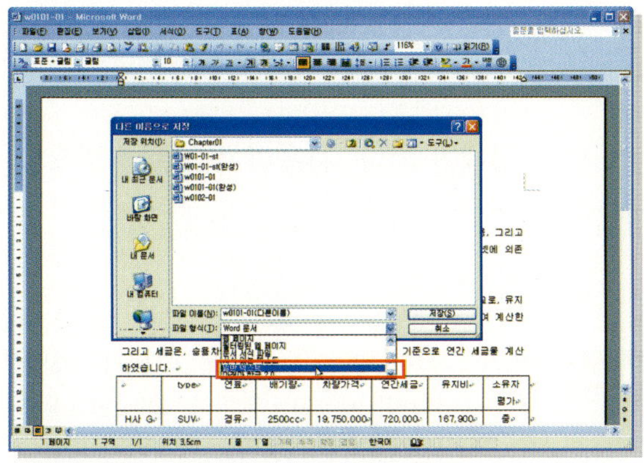

02 [다른 이름으로 저장] 대화 상자에서 저장할 위치에서 저장 경로를 다른 곳으로 선택하고 [파일 이름]을 'W0101-01(다른이름)'을 입력한 후 [파일 형식]을 '일반 텍스트'를 선택하고 [저장] 단추를 클릭한다.

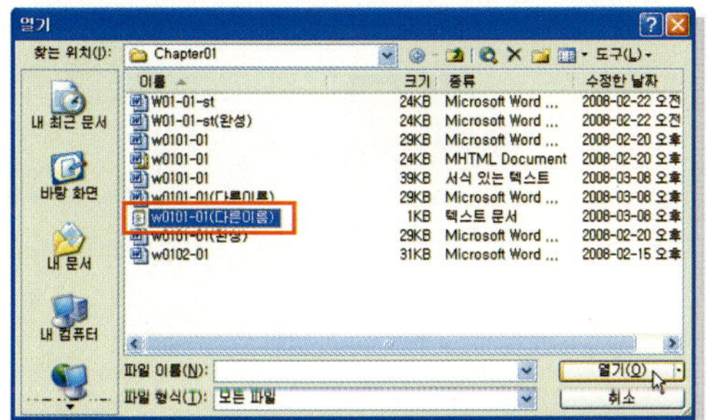

03 일반 텍스트로 저장된 문서는 워드 문서가 가지고 있는 각종 서식들을 잃어버린다. 저장된 텍스트 문서를 워드 프로세서에서 열어보기 위해 [파일]-[열기] 메뉴를 선택하여 [열기] 대화 상자에서 [파일 형식]을 '모든 파일'로 선택하여 'W0101-01(다른이름).txt'를 선택하고 [열기] 단추를 클릭한다.

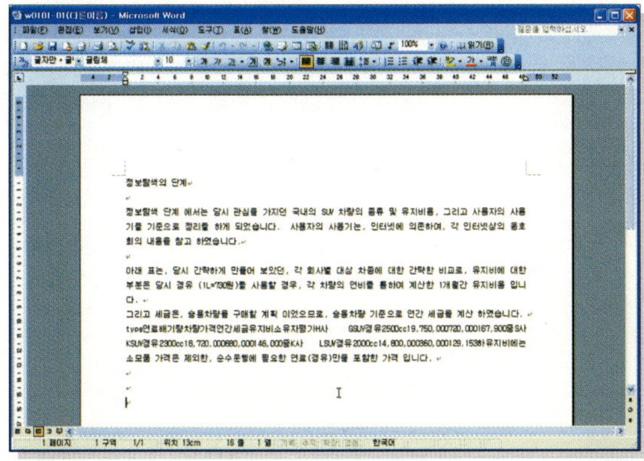

04 선택한 텍스트 문서가 열리는데 글꼴 속성이나 문서 속성 및 표의 테두리 등은 없어진다.

파일 형식의 종류

.dot	Word 서식 파일 형식이다.
.htm .html	HTML 형식의 웹 페이지 형식이다.
.mht, .mhtml	웹 보관 파일 형식의 웹 페이지 형식이다.
.xml	Extensible Markup Language(XML) 형식이다.
.rtf	서식 있는 텍스트(RTF)로 호환되는 Microsoft 프로그램을 비롯한 다른 프로그램에서 읽고 해석할 수 있는 서식 명령이 포함되어 있다.
.txt	일반 텍스트 형식으로 텍스트 서식이 없다.

 문서 닫기

문서의 여러 작업을 하다 보면 문서가 여러 개 열린 상태가 된다. 사용하지 않는 불필요한 문서 창은 닫고 작업하는 것이 좋다. 열린 창들은 화면 하단의 작업 표시줄에 단추로 나타나며 [창] 메뉴를 이용하여 바로 원하는 문서 창을 선택하여 사용할 수 있다.

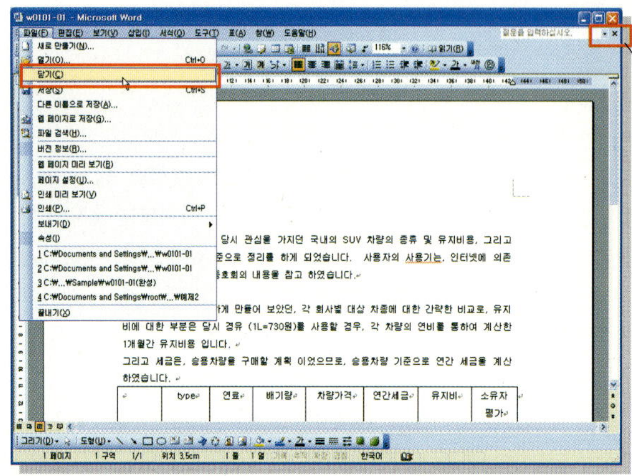

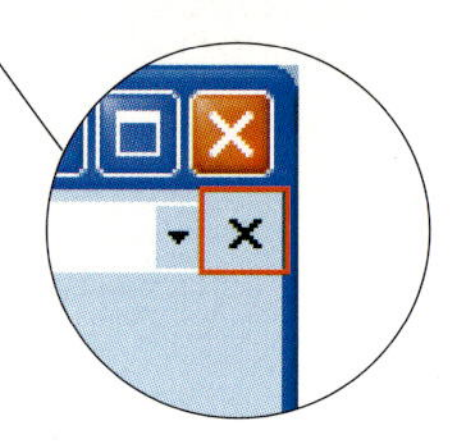

01 현재 열려있는 작업창을 닫기 위해서 [파일] 메뉴의 [닫기]나, 메뉴 표시줄의 [창 닫기] 아이콘(✕)을 클릭한다.

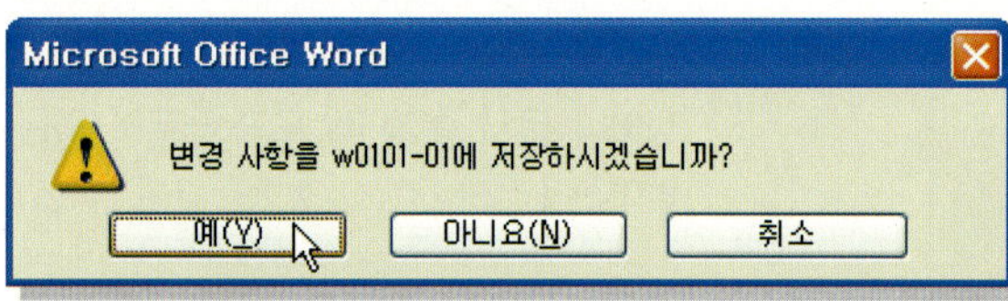

02 이때 저장 여부를 묻는 대화 상자가 나타날 경우에는 현재 작업 창의 마지막 상태를 저장하기 위해 [예] 단추를 누르면 저장하고 문서가 닫힌다.

03 문서가 모두 닫히면 새로운 작업을 준비하는 상태가 된다.

[도구]–[옵션]을 선택하면 워드프로세서의 다양한 기능에 대한 설정을 지정할 수 있다.
옵션 설정을 이용하면 화면의 표시상태, 편집, 맞춤법, 사용자 정보등의 다양한 환경을 설정할 수 있다.

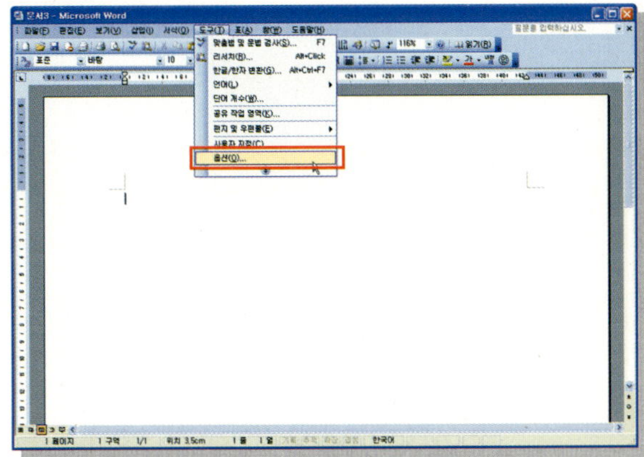

01 1. [도구]–[옵션] 메뉴를 선택한다.

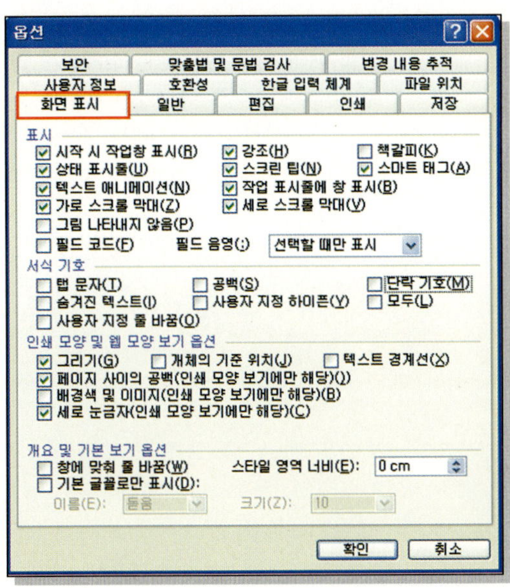

02 [옵션] 대화 상자에서 [화면 표시] 탭을 선택한다. [화면 표시] 탭에서는 워드 프로세서를 처음 시작할 때 작업창의 표시와 메뉴의 스크린 팁 표시 여부 등 공백과 단락 기호 등의 표시 여부 등을 체크하여 문서에 나타낼 수 있다.

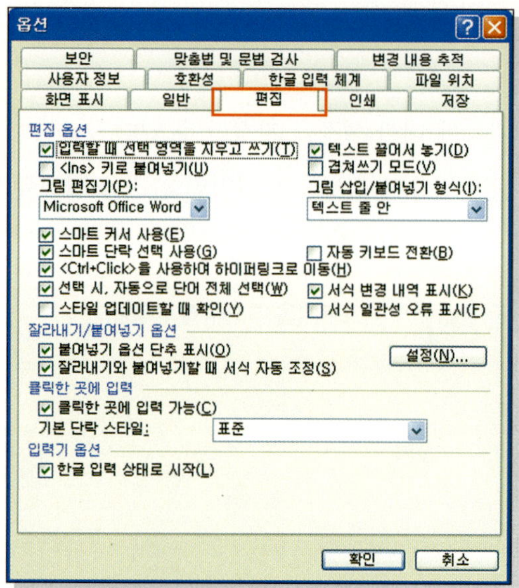

03 [편집] 탭에서는 입력할 때 선택한 텍스트를 삭제하거나 그림 삽입시의 삽입 형식, 잘라내기와 붙여넣기의 옵션 등을 설정할 수 있다.

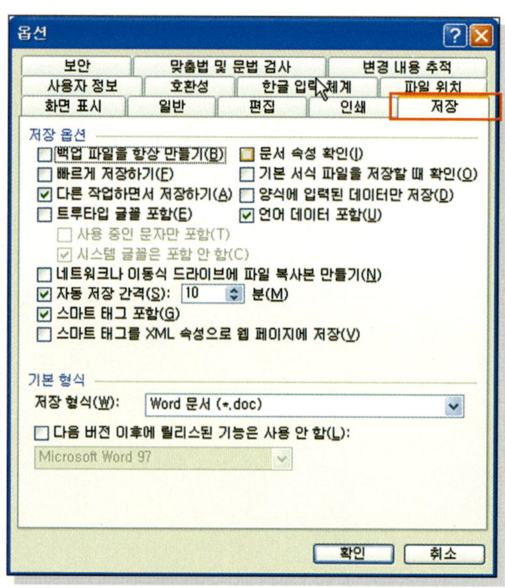

04 [저장] 탭에서는 문서를 저장할 때의 형식, 자동 저장 간격, 문서 속성 등의 확인 여부 등을 설정할 수 있다. 이 밖에도 여러 가지 옵션들을 설정하여 문서를 작성할 때의 환경 설정 등을 상세하게 할 수 있다.

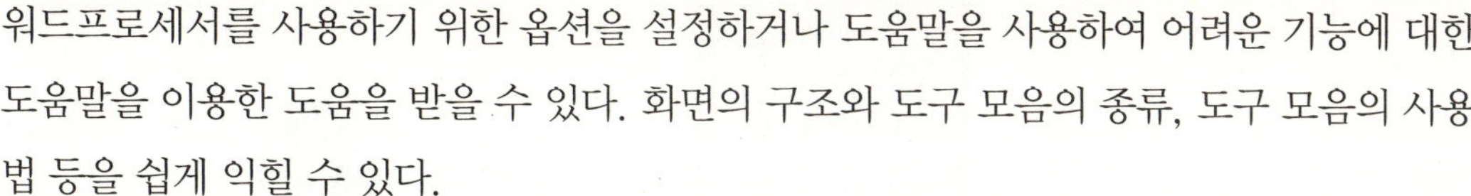

워드프로세서를 사용하기 위한 옵션을 설정하거나 도움말을 사용하여 어려운 기능에 대한 도움말을 이용한 도움을 받을 수 있다. 화면의 구조와 도구 모음의 종류, 도구 모음의 사용법 등을 쉽게 익힐 수 있다.

학습 목표

- 도움말을 사용하여 새로운 기능에 대한 설명을 제공한다.
- 워드프로세서의 화면 구성과 도구 모음의 사용법을 알 수 있다.
- 화면의 확대, 축소 방법을 알 수 있다.

01 도움말 사용

워드프로세서를 처음 사용하는 사용자나 워드프로세서에 능숙하지 못한 사람에게 작업상의 문제점, 오류가 발생할 경우 해결책이나 실행 방법 등의 상세한 도움말을 제공한다.

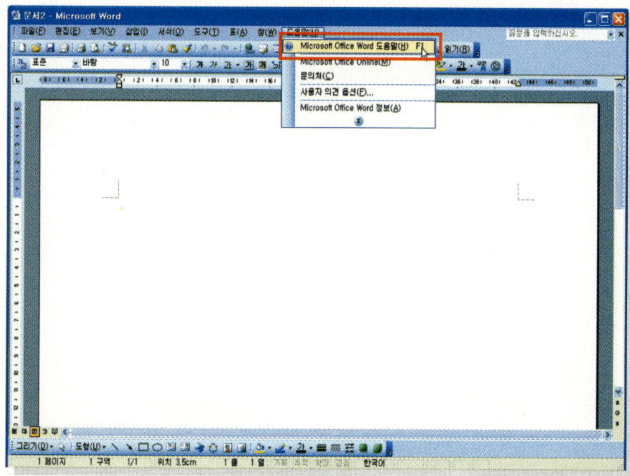

01 [도움말]-[Microsoft Office Word 도움말] 메뉴를 클릭하거나, 〈F1〉 키를 누른다.

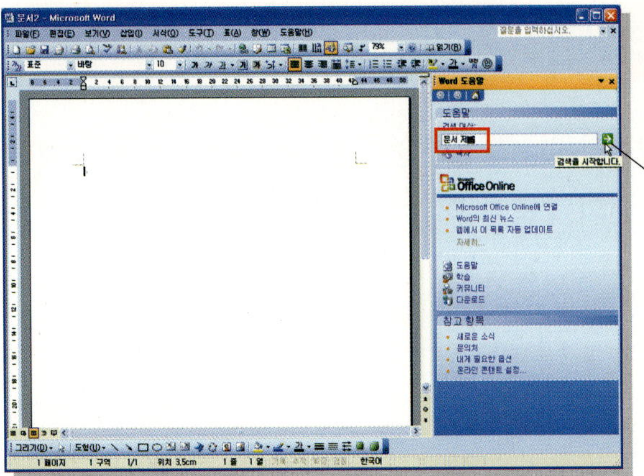

02 [Word 도움말] 작업창의 [검색 대상] 입력란에 '문서 저장'을 입력한 후 [검색] 단추를 클릭한다.

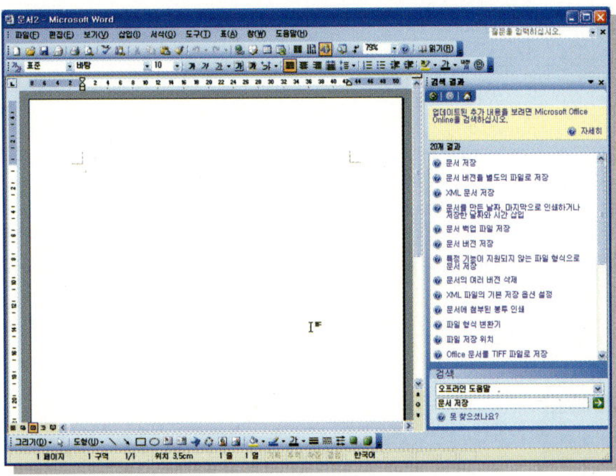

03 오른쪽에 도움말 창이 열리고 선택한 항목에 해당하는 도움말 목록이 나타난다. 도움말 창에서 원하는 항목을 차례 차례 선택하여 들어가면 세부적인 자세한 사용법들이 나타난다.

화면 구성과 도구 모음 표시 및 숨기기

워드프로세서에는 기본적으로 표준 도구 모음과 서식 도구 모음이 있다. 기본 도구 모음 이외의 것들은 도구 모음을 한 번 선택할 때마다 화면에 표시되거나 나타나지 않는다. 워드프로세서를 실행한 초기 화면에서 각 부분의 명칭에 대해서 알아보고 도구 모음의 표시와 축소하는 방법을 알아보자.

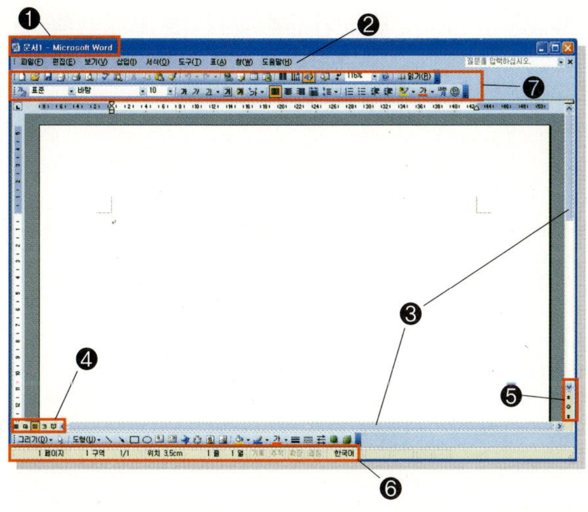

① 제목 표시줄 : 현재 사용하고 있는 프로그램 이름과 사용하고 있는 파일 이름이 나타나는 부분이다.

② 메뉴 표시줄 : 워드 기능을 사용할 수 있는 명령들의 모음이다.

③ 수직/수평 이동 표시줄 : 실행중인 문서에서 보여주는 화면 위치를 이동한다.

④ 화면 보기 단추 : 화면에 문서를 보여주는 상태를 변경한다.

⑤ 화면 이동 단추 : 페이지 단위로 화면을 이동한다.

⑥ 상태 표시줄 : 화면의 하단에 나타나는 상태 표시줄은 커서 위치를 쪽, 구역, 줄, 열 수 등으로 표시하며 현재의 편집 상태를 나타내준다.

⑦ 도구 모음 : 메뉴를 이용하는 명령들을 편리하게 사용할 수 있도록 자주 사용하는 기능 위주로 따로 모아 놓은 아이콘이다. 종류에는 표준 도구 모음, 서식 도구 모음, 그리기 도구 모음, 그림 도구 모음 등이 있다.

① [보기]-[도구 모음] 메뉴나, ② 메뉴 표시줄 위에서 마우스 오른쪽 단추를 눌러 원하는 메뉴를 클릭하여 표시하거나 숨긴다. 왼쪽에 체크되어 있는 메뉴는 화면에 표시된다.

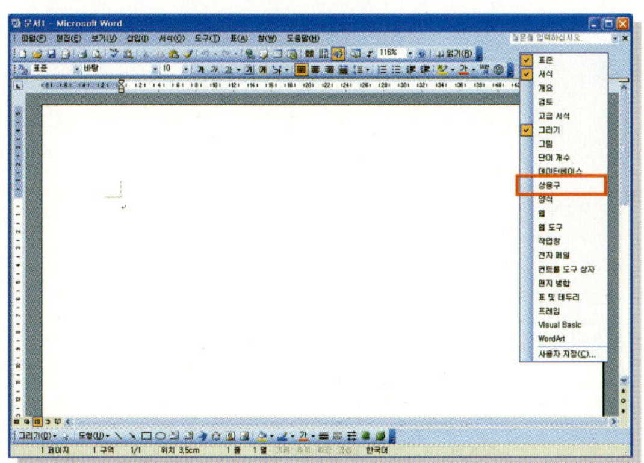

 화면 보기 전환 및 확대와 축소

워드프로세서를 실행시킨 초기 화면은 용지 여백 등의 쪽 윤곽이 그대로 화면에 표시되는 [인쇄 모양 보기] 형태를 기본으로 보여준다. 그러나 편리한 편집을 위해서는 여러 가지의 다른 형태의 보기로 전환할 수 있다. 화면 하단의 화면 보기 단추나 [보기] 메뉴를 이용한다.

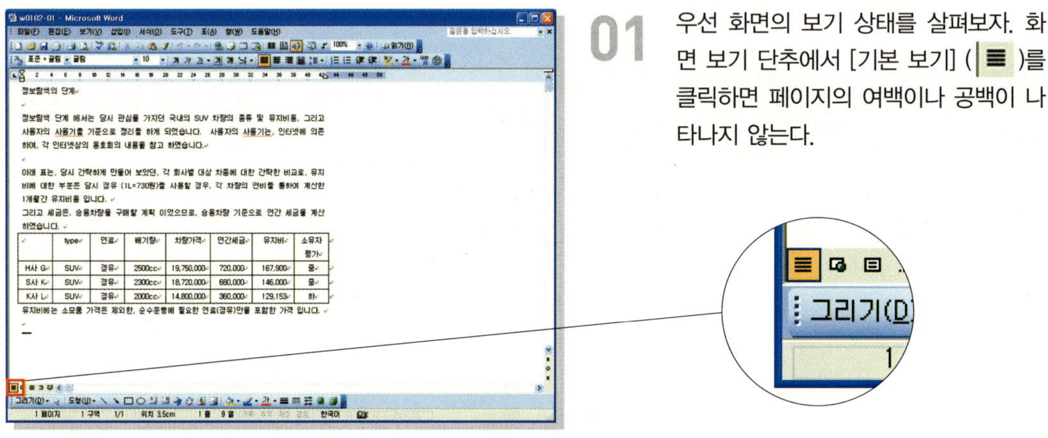

01 우선 화면의 보기 상태를 살펴보자. 화면 보기 단추에서 [기본 보기] (≡)를 클릭하면 페이지의 여백이나 공백이 나타나지 않는다.

〈시작 예제〉 C:\WordProcess\Chapter01\W0201-01.doc

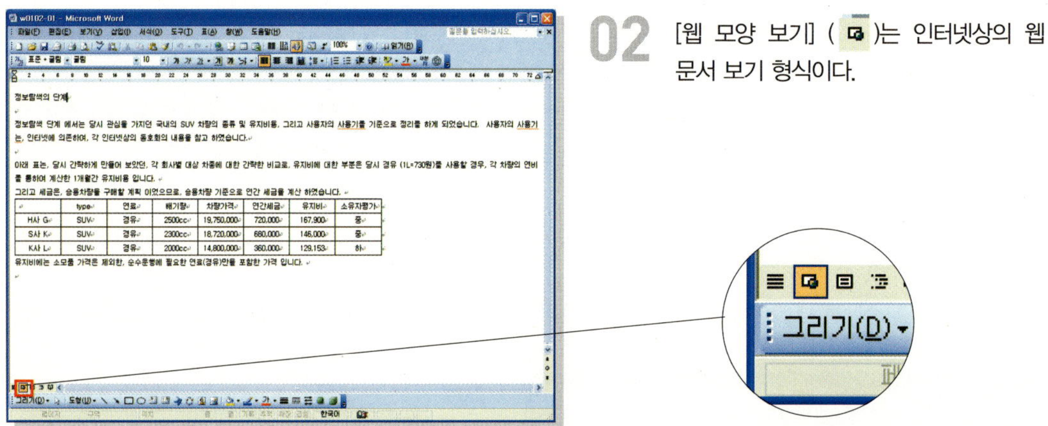

02 [웹 모양 보기] (⬚)는 인터넷상의 웹 문서 보기 형식이다.

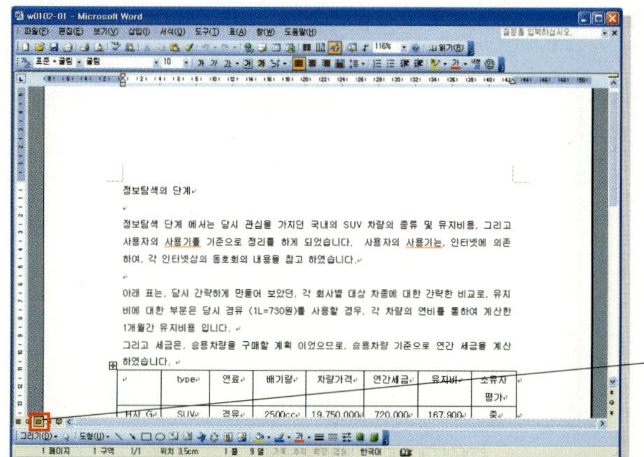

03 [인쇄 모양 보기] (目)는 문서를 인쇄할 때의 그대로를 화면에 보여주는 형식이다.

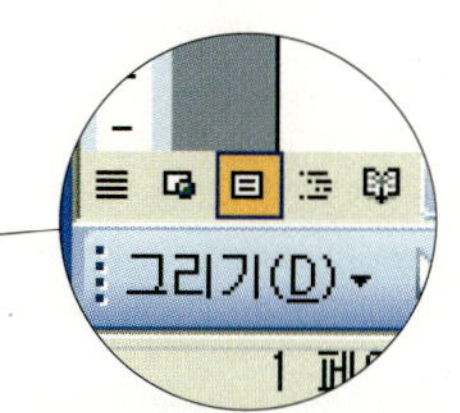

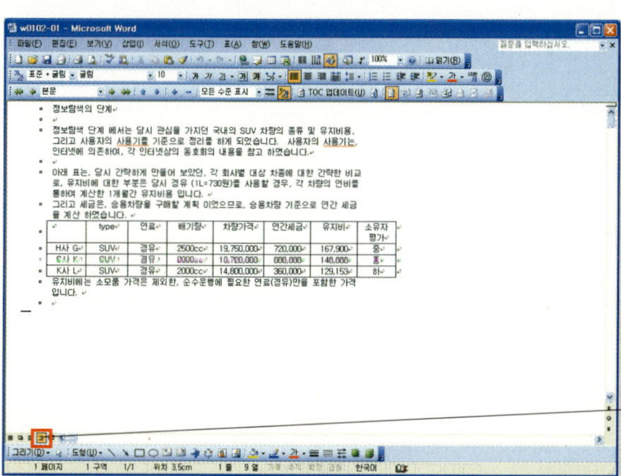

04 [개요 보기] (표)는 개요 보기에서 개요 기호와 들여쓰기를 사용하면 문서의 전체 구조를 확인하고 문서를 신속하게 재구성할 수 있다. 문서의 구조를 쉽게 보고 재구성하려면 문서를 축소하여 원하는 제목만 표시한다.

05 [읽기 모드] (▥)는 문서를 읽기 위한 보기로 읽기 모드 보기를 선택하면 가장 읽기 좋은 상태로 문서가 열린다. 읽기 모드 보기에는 읽기 모드와 검토 도구 모음만 표시된다. 읽기 모드 보기를 종료하려면 [닫기] 단추(▥ 닫기(C))를 클릭한다.

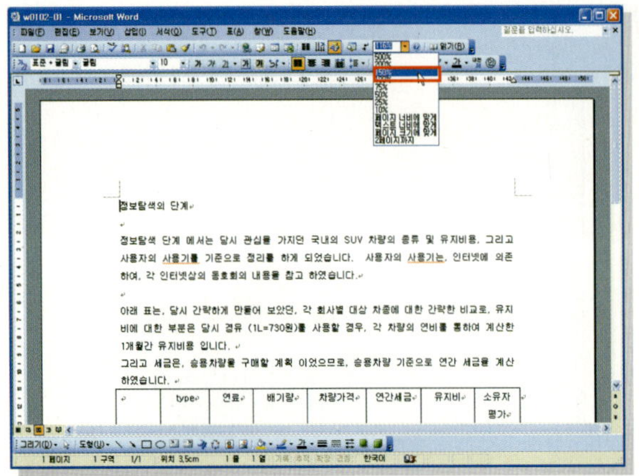

06 화면의 보기 상태를 확인했으니 이번에는 문서를 확대하여 자세히 보거나 축소하여 여러 페이지를 볼 수 있게 확대/축소 기능을 사용해 보자. 표준 도구 모음의 [확대/축소] 상자(150%) 옆에 있는 화살표를 클릭하여 '150%'를 선택한다.

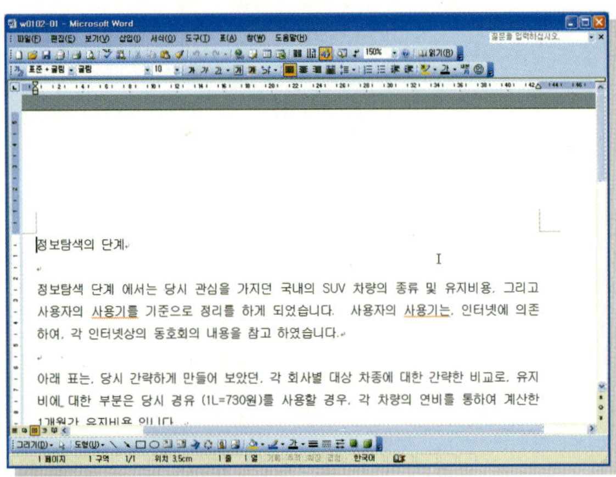

07 '150%'로 문서가 확대된다.

열어 놓은 문서 사이 전환

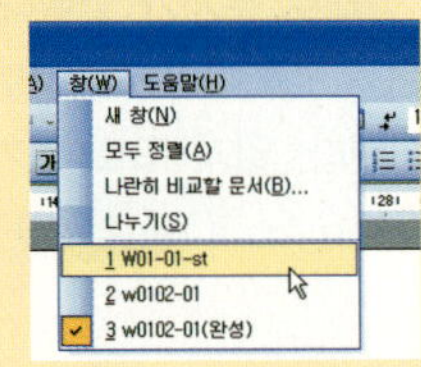

열어 놓은 두 개의 문서가 있을 경우에 현재 문서에서 다른 문서로 전환하는 방법은 [창] 메뉴에서 이동할 문서 파일명을 선택하면 된다. 열려 있는 문서는 일련번호와 파일 이름이 표시된다.

Task1

도움말을 이용하여 '표 만들기'에 대한 사용법을 찾아 보자.

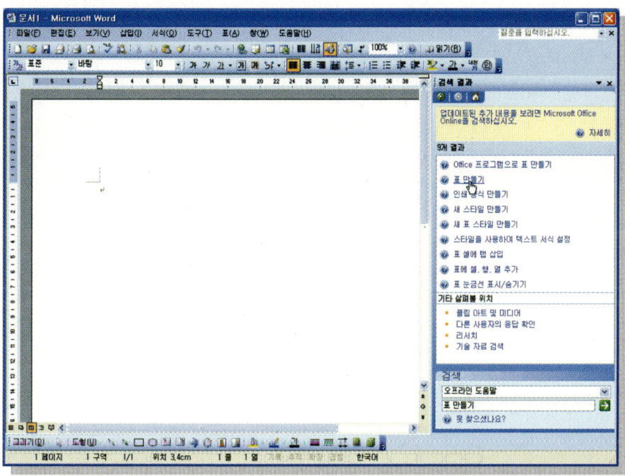

1. [도움말]–[Microsoft Office Word 도움말] 메뉴를 클릭한다.
2. [Word 도움말] 작업창에서 [목차]를 클릭한 후 도움말 항목에서 '표 만들기' 항목을 선택한다.

Task2

'W01-01-st.doc' 파일을 연 후 다음의 문장을 추가한 후 'W01-01-st(완성).doc' 파일 이름으로 저장하시오.

> 라. 연수시간 : 1일 평균 6시간 내외로 실시하고, 주중에 실시하는 연수는 1일 2시간을 초과할 수 없다.(60시간 이상 연수의 경우 개강식, 종강식 2시간 포함하여 62시간 이상이어야 함)

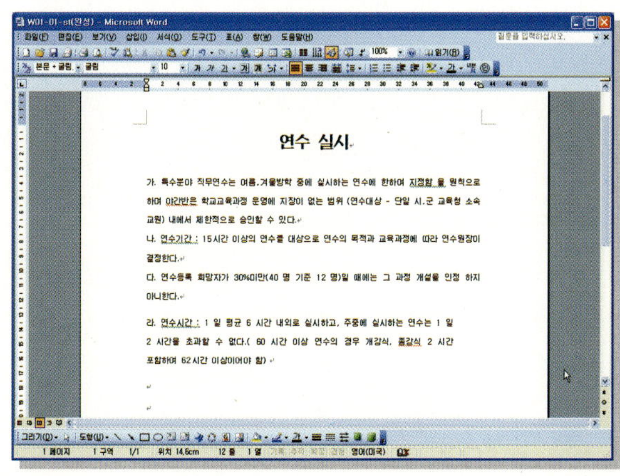

1. [파일]–[열기]를 선택한 후 [열기] 대화 상자에서 'W01-01-st.doc'을 선택한다.
2. 제시된 내용을 마지막 줄에 입력한다.
3. [파일]–[다른 이름으로 저장]을 선택한 후 파일 이름을 'W01-01-st(완성).doc'로 입력한 후 [저장] 단추를 클릭한다.

Chapter 02

문서 작성

문서 작성

>>> 글자를 입력하고 입력한 글자를 한자로 변환하는 작업들을 진행하기 위해서는 텍스트의 범위 지정이 필수이다. 한글과 영문, 특수 문자들을 입력해 내용의 전달을 좀 더 쉽게 만들어 볼 수 있다.

문서 편집을 위해서는 기본적으로 텍스트를 입력하고 잘못된 부분을 수정하거나 삭제하는 방법을 알아야 한다. 한글과 영문, 한자를 입력하는 방법에 대해서 알아보자.

학습 목표

- 한글과 영문의 텍스트를 입력할 수 있다.
- 특수 문자 등을 입력할 수 있다.
- 한 글자 씩 또는 단어별로 한자 변환을 할 수 있다.

01 텍스트 입력

문서를 작성하기 위한 텍스트를 입력해 보자. 한글과 영문, 특수 문자들을 삽입하여 문서를 작성해본다.

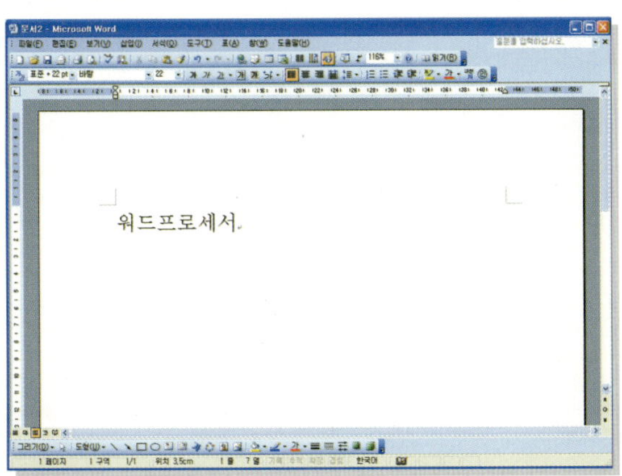

01 새 문서를 열고 첫 번째 줄에 커서가 깜박이면 '워드프로세서'를 입력하고 〈Enter〉 키를 누른다.

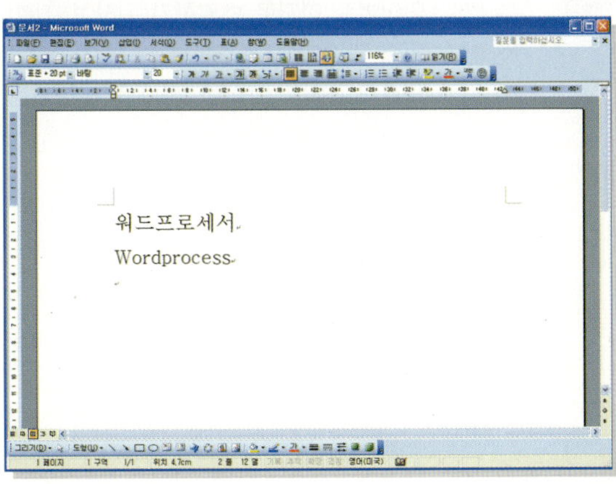

02 두 번째 줄의 커서가 깜박거리면 키보드의 〈한/영〉 키를 눌러 영문 입력 상태로 해놓은 다음 'Wordprocess'를 입력한다.

02 한자 변환

한자는 기본적으로 단어 단위로 변환하여 사용하게 되는데 한 글자씩 변환하는 방법과 단어별
변환 방법을 알아본다.

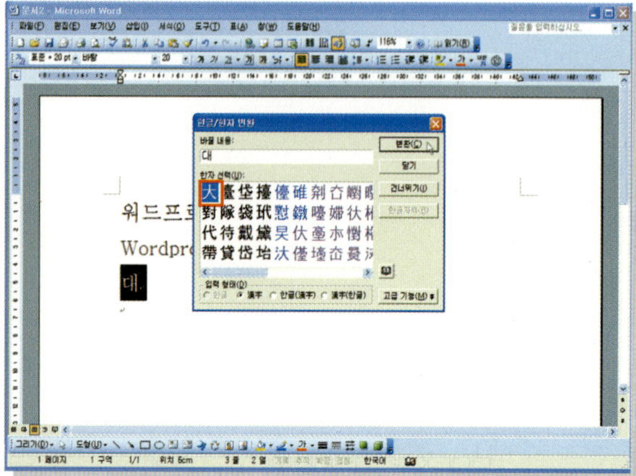

01 한 글자씩 한자로 변환하기 위해 '대한
민국'의 첫 글자인 '대'를 입력한 후
키보드의 〈한자〉 키를 누른다. [한글/한
자 변환] 대화 상자의 한자 선택 목록
에서 원하는 한자를 선택하고 [변환]
단추를 클릭한다.

02 '대' 글자가 한자 '大'로 변환되었다.

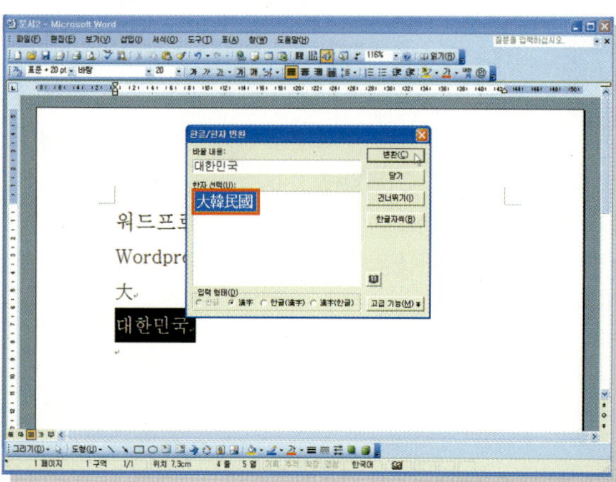

03 단어별로 한자로 변환하기 위하여 '대한
민국'을 입력한 후 키보드의 〈한자〉 키를
누른다. 단어 단위의 한자를 선택하고
[변환] 단추를 클릭한다.

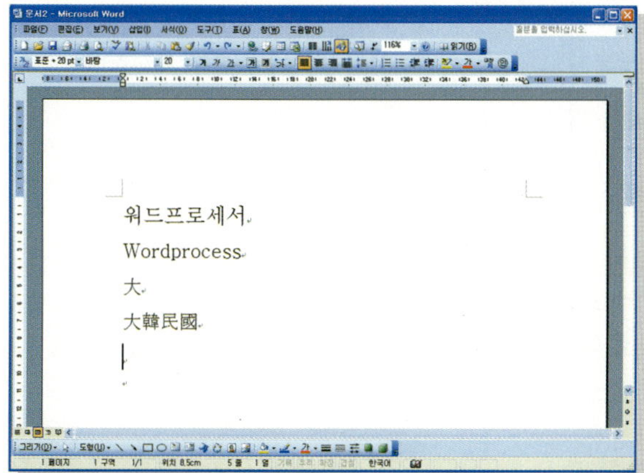

04 단어가 한자로 변환된 것을 확인할 수 있다.

03 특수 문자 입력

한글이나 영문자판으로 사용할 수 없는 다른 특수한 기호를 입력해야 하는 경우가 빈번하게 발생히는데 이때 [삽입] 메뉴의 [기호]를 선택하여 원하는 특수 문자를 입력한다.

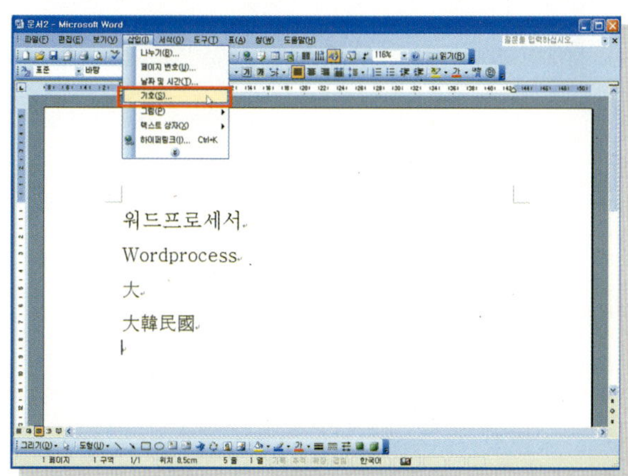

01 특수 문자를 삽입하기 위해 [삽입] 메뉴 의 [기호]를 선택한다.

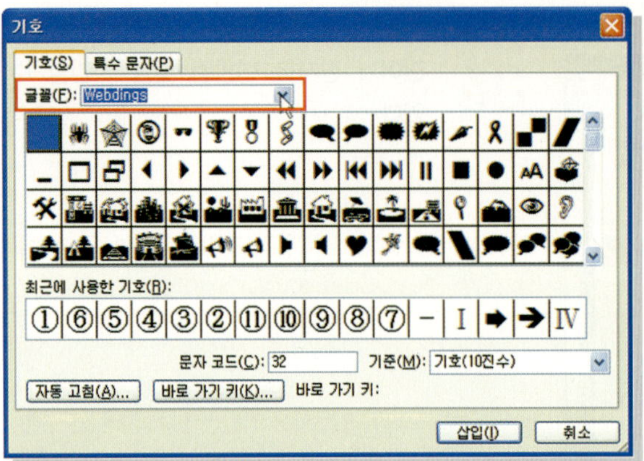

02 [기호] 대화 상자에서 [글꼴]의 화살표을 눌러, 'Webdings'를 선택하면 여러 가지 모양의 기호가 표시된다.

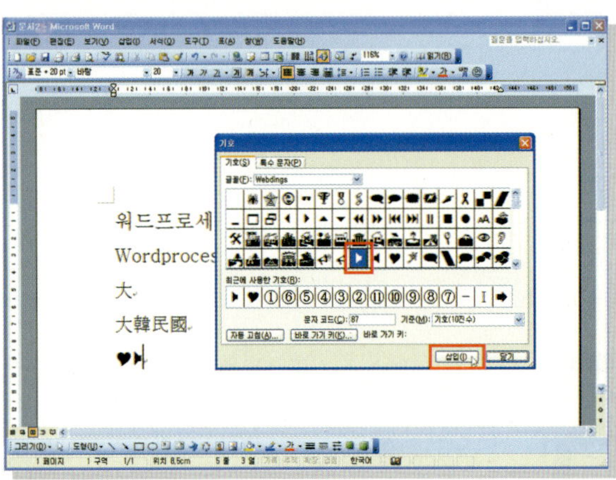

03 원하는 '기호'를 선택한 후 [삽입] 단추를 누른다. 문서에 특수 문자가 삽입되면 [닫기] 단추를 클릭한다.

작성한 문서의 내용들 중 반복적으로 들어가거나 위치와 잘못된 입력 위치가 있는 경우에는 범위를 지정하여 올바른 위치로 편집할 수 있다. 범위 지정은 상황에 따라서 몇 가지 방법으로 지정할 수 있다. 문서의 분량이 많다면 이런 특정 단어를 찾기 어려우므로 찾기 기능으로 손쉽게 원하는 단어로 변환이 가능하다.

학습 목표

- 입력된 내용을 복사하거나 삭제, 이동하기 위해 범위를 지정할 수 있다.
- 단어를 찾거나 대체 단어로 변경할 수 있다.
- 복사/이동/붙여넣기 등의 편집 명령을 이용하여 문서를 구성할 수 있다.
- 명령의 실행 및 실행 취소 등을 사용 할 수 있다.

01 범위 지정

글꼴이나 단락의 서식을 변경하고자 할 경우 범위를 설정한 후 서식을 변경해야 한다. 범위를 설정하는 방법에는 여러 가지가 있다.

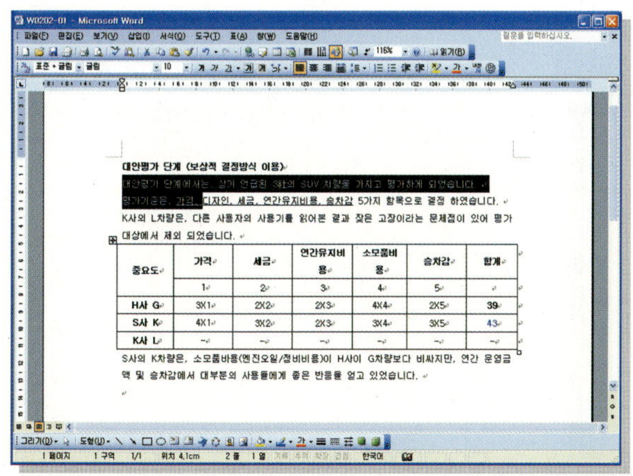

01 일부분의 범위를 지정할 때는 설정하고자 하는 범위의 시작 위치에서 원하는 만큼 드래그한다.

〈시작 예제〉 C:\Wordprocess\Chapter02\W0202-01.doc

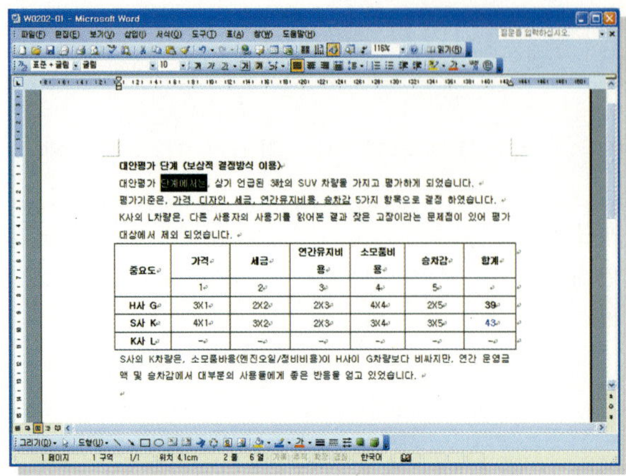

02 단어 단위로 범위를 지정할때는 범위 설정할 단어를 더블 클릭한다. 여기서 의미하는 단어는 띄어쓰기한 만큼을 하나의 단어로 인식한다.

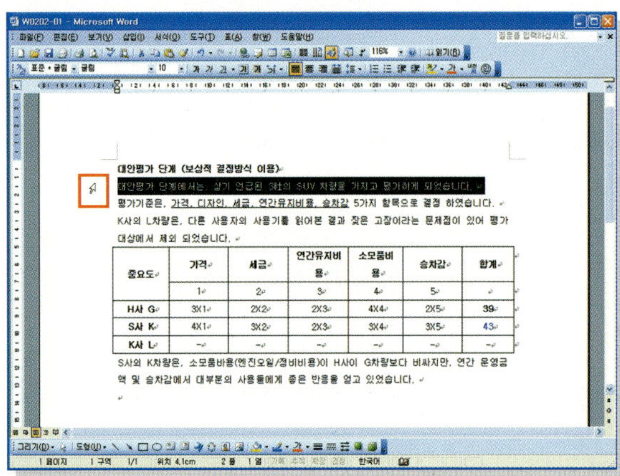

03 줄 단위로 범위를 지정할 때는 문서의 왼쪽 여백에서 마우스 포인터가 화살표 모양으로 바뀌었을 때 클릭한다.

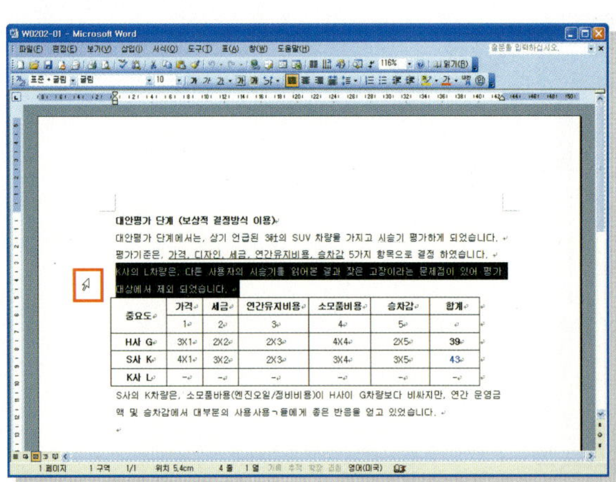

04 단락 단위로 범위를 지정할 때는 문서의 왼쪽 여백에서 마우스 포인터가 화살표 모양으로 바뀌었을 때 더블 클릭한다.

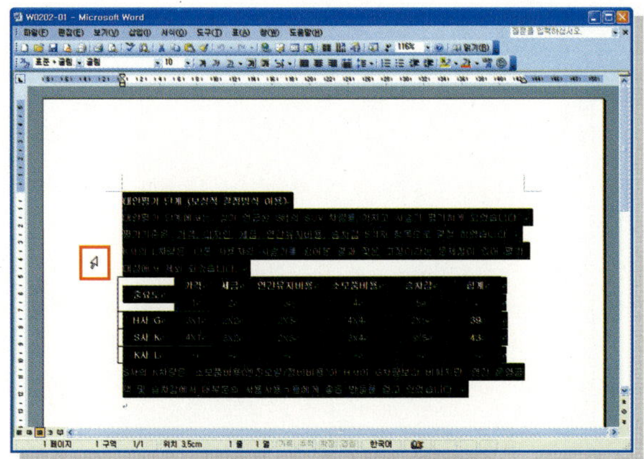

05 문서 전체의 범위를 지정할 때는 문서의 왼쪽 여백에서 마우스 포인터가 화살표 모양으로 바뀌었을 때 세 번 클릭한다. 또는 〈Ctrl+A〉를 누르면 전체 문서가 선택된다.

 **다중 선택**

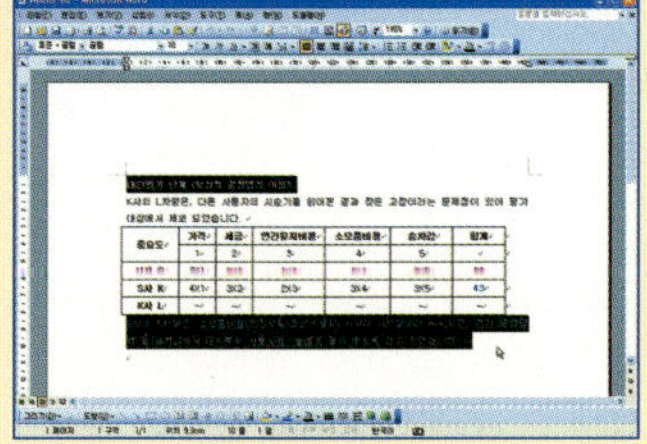

〈Ctrl〉 키를 누른 채 마우스로 드래그하여 서로 다른 곳의 범위를 지정할 수 있다.

02 내용 삭제

본문에 입력된 내용의 일부분을 단어별로 삭제를 하거나 한 단락을 모두 삭제할 수 있다. 〈Delete〉 키를 이용하여 삭제하는 방법을 알아보자.

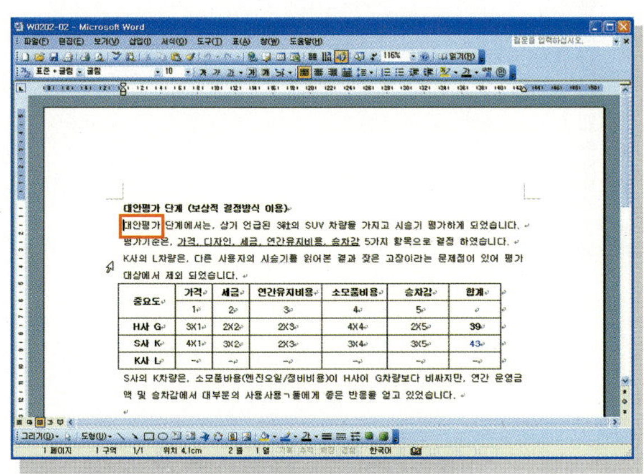

01 두 번째 줄의 첫 번째 단어인 '대안평가'를 지우기 위하여 '대' 앞에 커서를 위치시키고 〈Delete〉 키를 4번 누르거나 〈Ctrl+Delete〉를 누른다.

〈시작 예제〉 C:\Wordprocess\Chapter02\W0202-02.doc

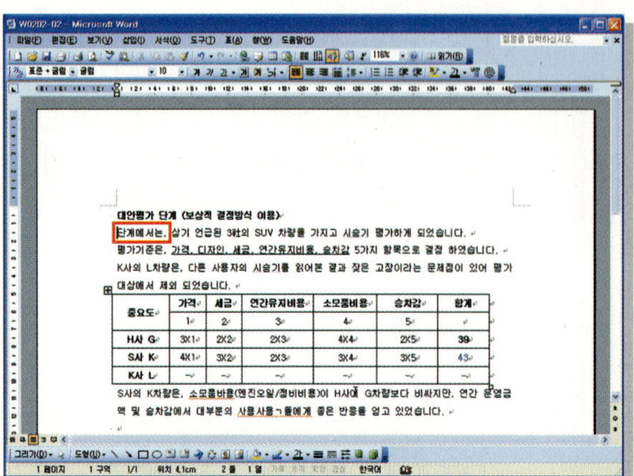

02 ‘대안평가’ 단어가 삭제된다.

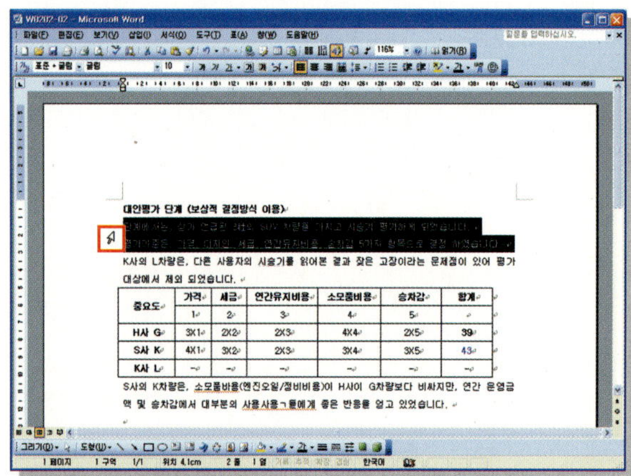

03 이번에는 단락 하나를 모두 삭제해 보자. 왼쪽 여백 부분을 드래그하거나 더블 클릭 하여 단락을 선택한다.

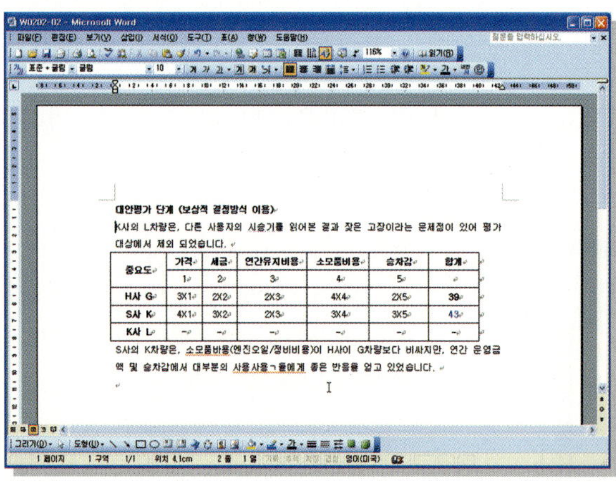

04 〈Delete〉 키를 누르면 선택한 단락이 모두 삭제된다. 이때 단락을 선택하지 않고 줄 하나를 선택한 상태에서 〈Delete〉 키를 누르면 선택한 줄만 삭제된다.

03 단어 찾기

많은 분량의 문서에서 [찾기] 기능을 이용하여 문서 내에 입력된 내용 중 특정 단어의 위치를 찾고자 할 때 사용하는 기능이다.

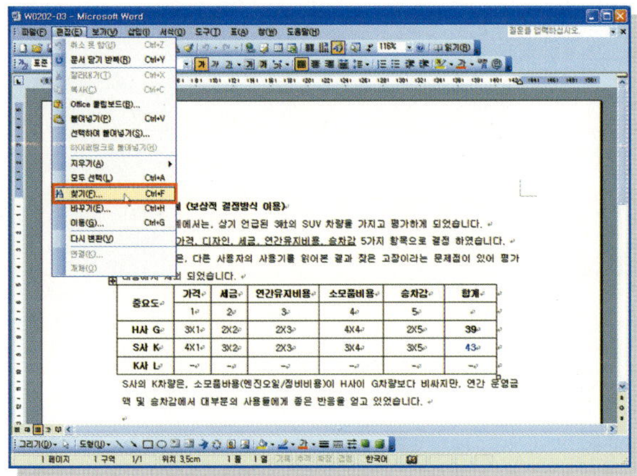

〈시작 예제〉 C:\Wordprocess\Chapter02\W0202-03.doc

01 문서에서 '사용기'라는 단어의 위치를 찾아보기 위해서 ① [편집] 메뉴의 [찾기]를 선택하거나, ② 〈Ctrl+F〉를 누른다.

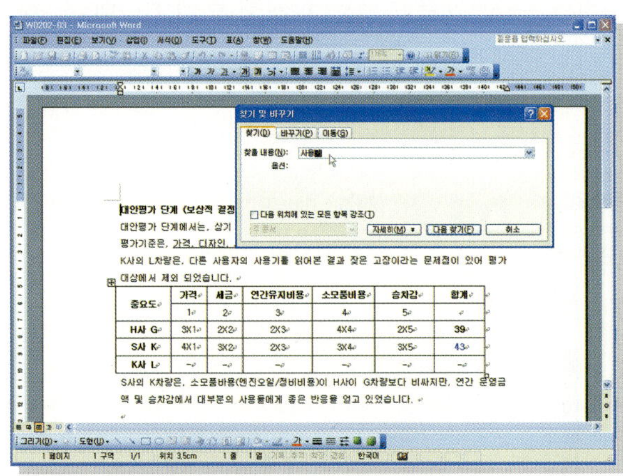

02 찾는 문자열에 '사용기'를 입력한다. [다음 찾기] 단추를 누르면 문서 창의 지정한 문자열에 커서가 위치해 있다.

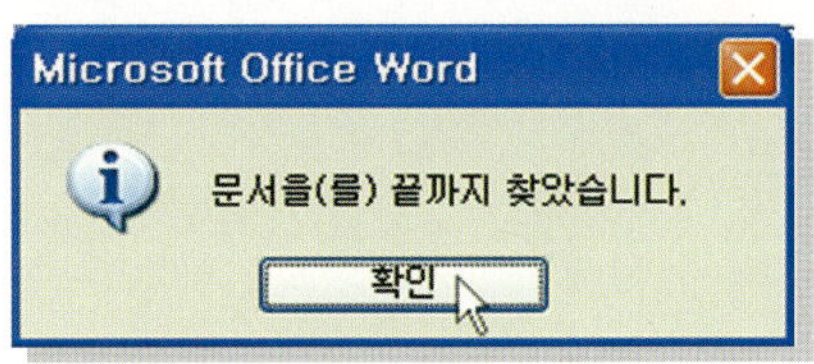

03 계속 [다음 찾기] 단추를 누르면 그 다음에 위치한 문자열을 찾아준다. 문서 끝까지 찾아서 더 이상 찾는 문자열이 없을 경우 다음과 같은 메시지가 나타난다. [확인] 단추를 클릭한다.

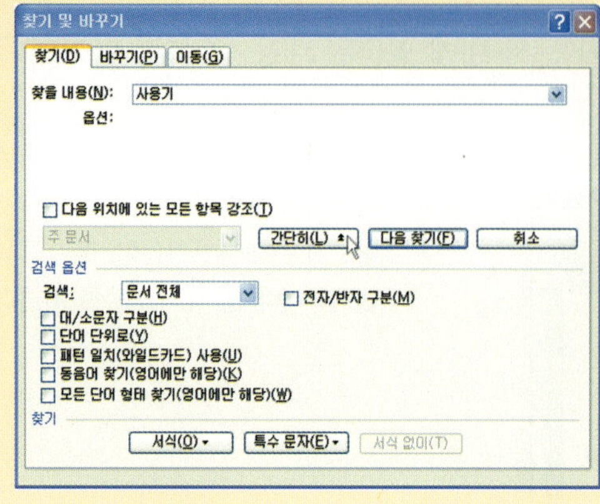

[찾기] 탭에서 [자세히] 단추를 누르면 찾을 문자열에 좀 더 상세한 조건을 설정할 수 있는 옵션들이 나타난다.

04 단어 바꾸기

많은 분량의 문서에서 특정 단어의 위치를 찾아서 그 문자열을 다른 문자열로 바꾸고자 할 때 유용하게 사용하는 기능이다.

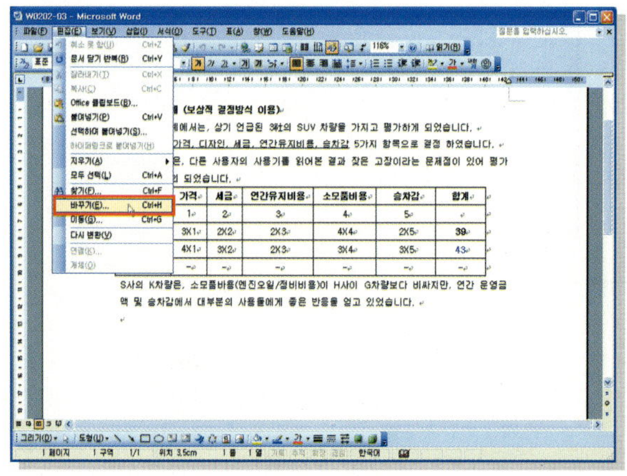

01 ① [편집] 메뉴의 [바꾸기]를 선택하거나,
② 〈Ctrl+H〉를 누른다.

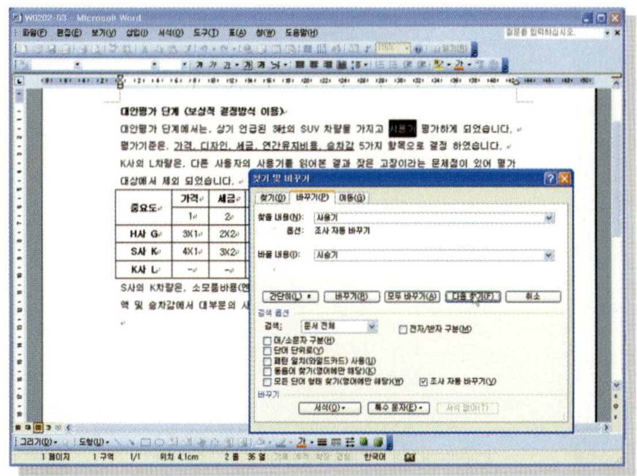

02 [찾을 내용]에 '사용기'를 입력하고 [바꿀 내용]에 '시승기'를 입력한다.
[다음 찾기] 단추를 누르면 찾는 문자열에 해당하는 부분에 커서가 위치하고 있다. 이때 [바꾸기] 단추를 누르면 '사용기'가 '시승기'로 바뀐다.

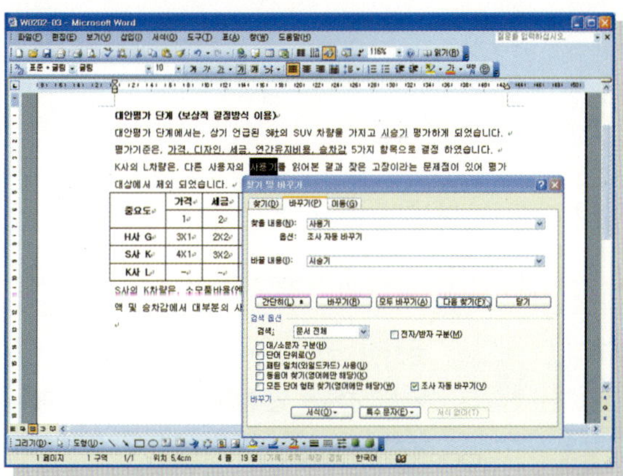

03 이후 자동으로 다음 찾기가 실행되어 찾은 문자열에 커서가 위치하고 있다. 계속 [바꾸기] 단추를 누르면 작업이 실행된다.

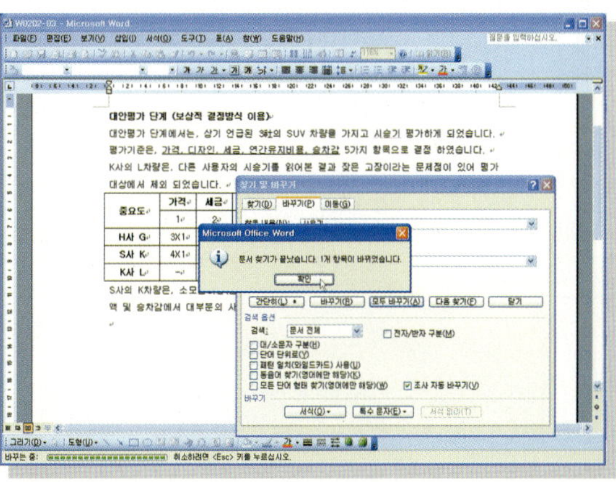

04 [모두 바꾸기]를 선택하면 한꺼번에 일괄적으로 자동 바꾸기를 실행해 준 후, 바꾸기 실행 횟수를 알려준다.

 **바꾸기 옵션**

[바꾸기] 대화 상자에서도 마찬가지로 [자세히]나 [간단히] 단추를 눌러 사용할 수 있다. [찾기]에서는 볼 수 없었던 조건이 [조사 자동 변경]이다. 이 기능은 단어 뒤에 붙는 조사를 '을'==〉'를' 또는 '은'==〉'는' 등으로 자동으로 알아서 변경해 주는 유용한 기능이다.

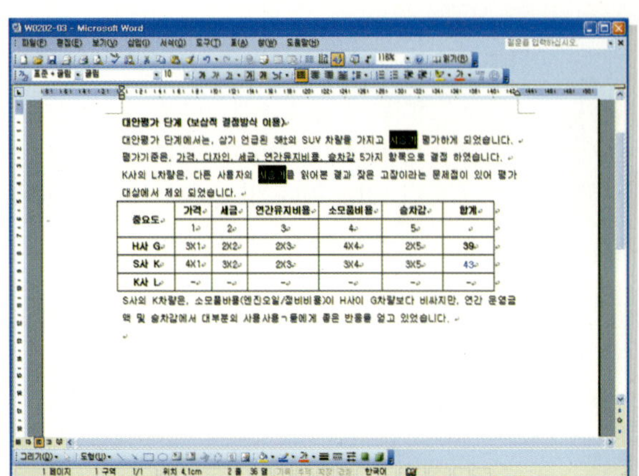

문서의 단어가 변경된다.

05 텍스트 복사 및 이동

자주 반복해서 나오는 문구들이 있다면 그때마다 모두 입력하지 않고 복사해서 사용할 수 있다. 복사를 하지 않고 단어를 다른 위치로 이동하기 위해서는 잘라내서 붙여넣기를 하면 된다.

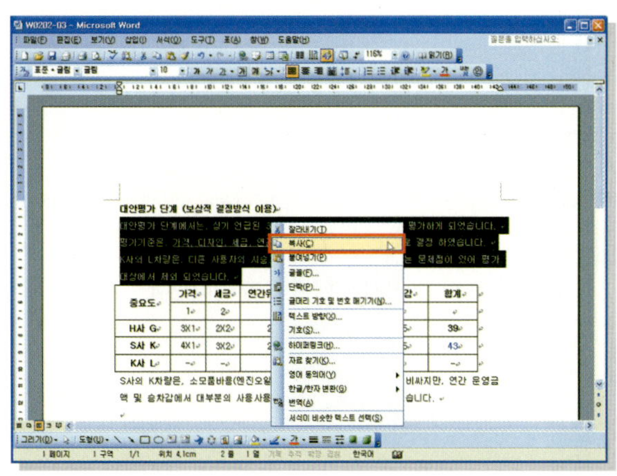

01 복사할 부분을 범위를 설정한 후 ① 마우스 오른쪽 단추를 누른 후 단축 메뉴에서 [복사]를 선택하거나, ② 〈Ctrl+C〉를 누른다.

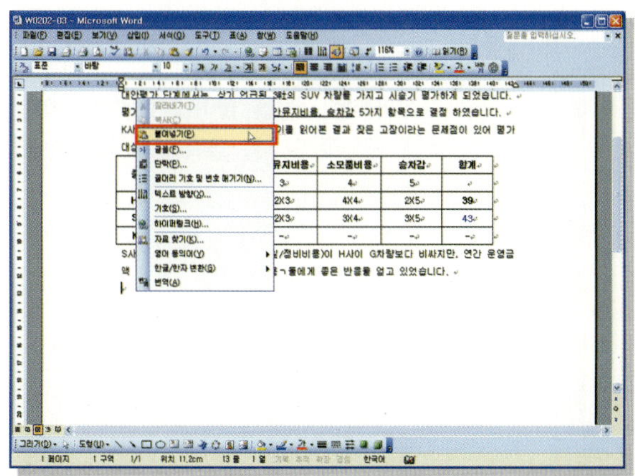

02 복사한 내용을 붙여 넣을 곳에 커서를 놓은 후, ① 마우스 오른쪽 단추를 눌러 단축 메뉴에서 [붙여넣기]를 선택하거나, ② 〈Ctrl+V〉를 누른다.

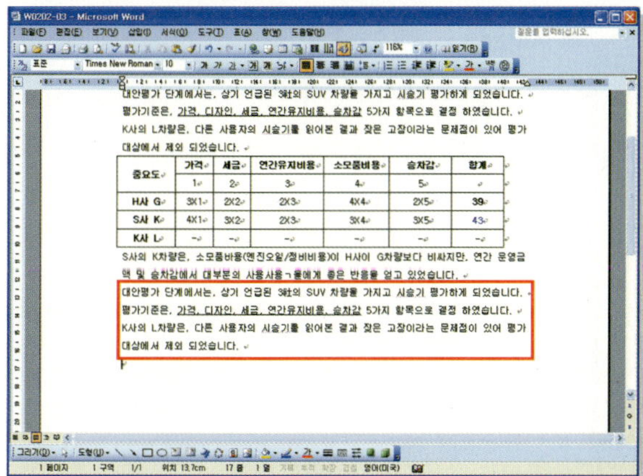

03 커서 위치에 복사한 내용이 나타난다.

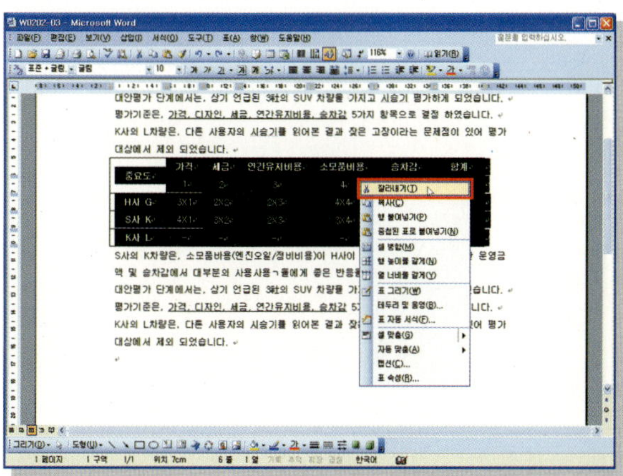

04 잘라내고자 하는 부분을 범위를 설정한 후 ① 마우스 오른쪽 단추를 누른 후 [잘라내기]를 선택하거나, ② 〈Ctrl+X〉를 누른다.

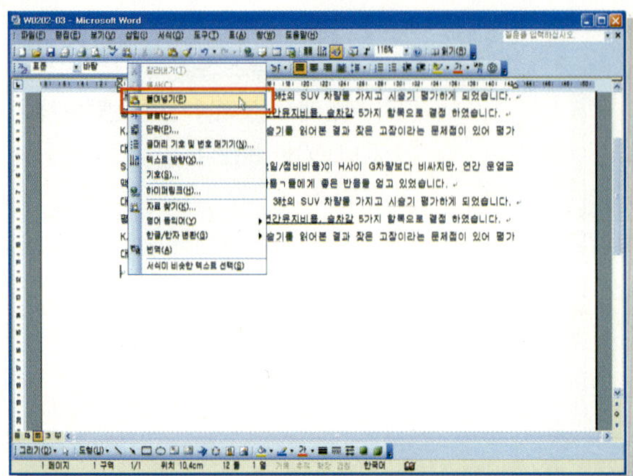

05 복사할 때와는 다르게 범위 설정한 부분이 문서 상에서 사라진다.
잘라놓은 내용을 붙여넣기 위해서 마우스 오른쪽 단추를 클릭한 후 [붙여넣기]를 선택한다.

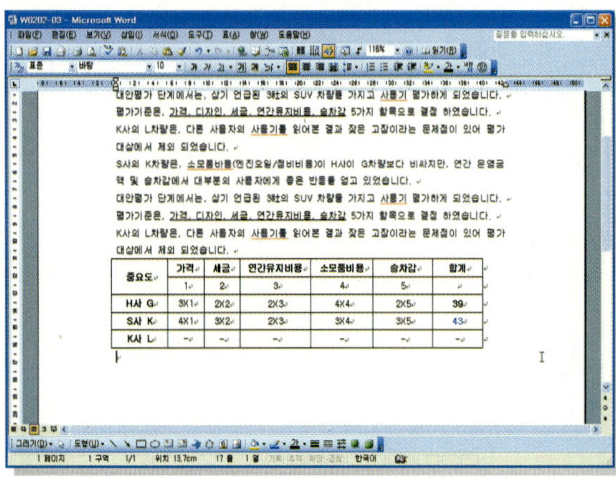

06 표가 이동된다.

06 실행 취소 및 반복 실행

실행 취소 기능은 문서를 작성할 때의 실수를 얼마든지 이전 상태로 돌려놓을 수 있는 아주 편리하고 유용한 기능이다. 다시 실행은 실행 취소한 작업을 다시 실행 취소 이전 상태로 되돌리는 기능이다.

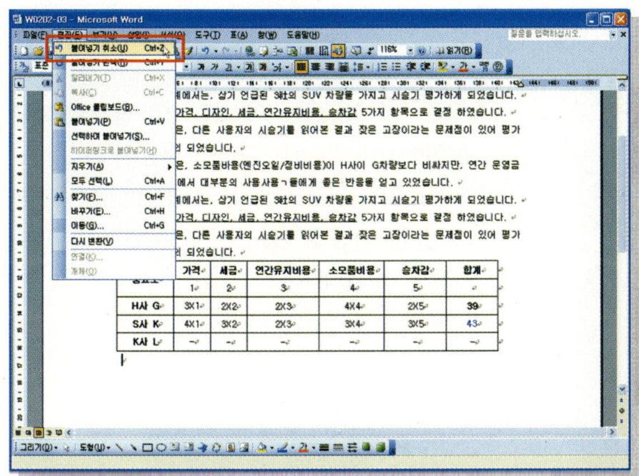

01 실행 취소 명령을 실행하기 위하여 ① [편집] 메뉴의 [취소]를 선택하거나, ② 표준 도구 모음의 [실행 취소] 아이콘( )을 선택한다. ③ 또는 단축키 〈Crtl+Z〉를 누른다.

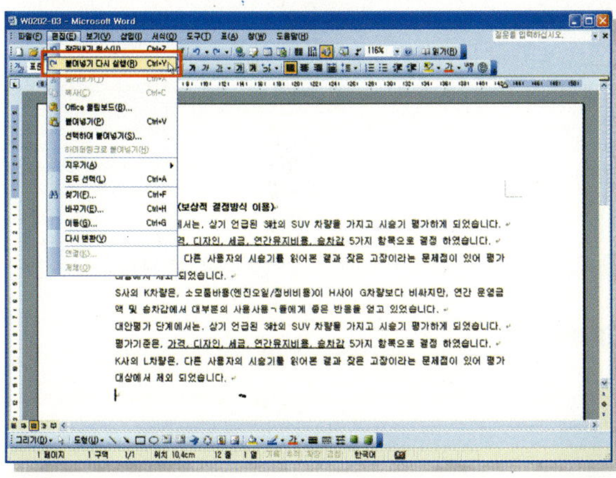

02 반복 실행을 하기 위해서 ① [편집] 메뉴의 [반복]을 선택하거나, ② 표준 도구 모음의 [다시 실행] 아이콘( )을 누른다. ③ 또는 단축키 〈Crtl+Y〉를 누른다.

tip 편집 기호 표시 / 숨기기

공백(·), 수동 줄 바꿈(↓, Shift+Enter), 탭 기호(→) 등과 같은 편집 상태를 알려주는 기호를 화면에 표시하거나 숨길 수 있다. 표준 도구 모음의 [편집 기호 표시/숨기기] 아이콘( )을 클릭하면 표시되고, 다시 클릭하면 숨겨진다. 만약 단락 기호가 화면에 보이지 않는다면 [보기]–[단락 기호 표시] 메뉴를 클릭한다.

Task1

'W02-01-st.doc' 파일을 연 후 [바꾸기] 기능을 이용하여 '실기평가' 단어를 '실습평가'로 변경하시오.

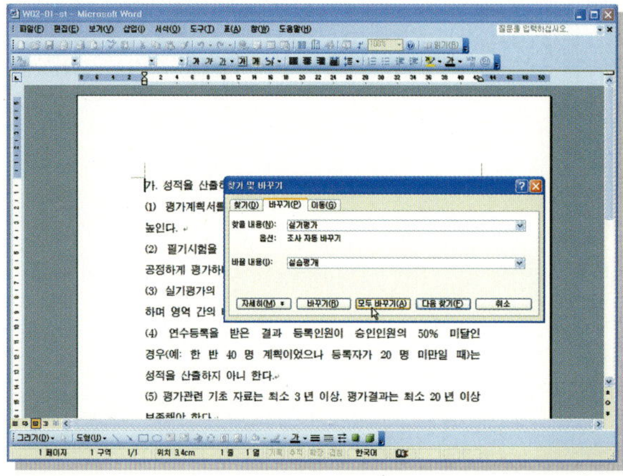

〈시작 예제〉 C:\Wordprocess\Chapter02\W02-01-st.doc

1. [파일]─[열기]를 실행하여 'W02-01-st.doc' 파일을 연다.
2. [편집]─[바꾸기]를 선택한 후 [찾을 내용]을 '실기평가', [바꿀 내용]을 '실습평가'로 입력한 후 [모두 바꾸기] 단추를 클릭한다.

Task2

'W02-02-st.doc' 파일을 연 후 2번째 줄의 '계획' 단어를 한자 '計劃'으로 변환하시오.

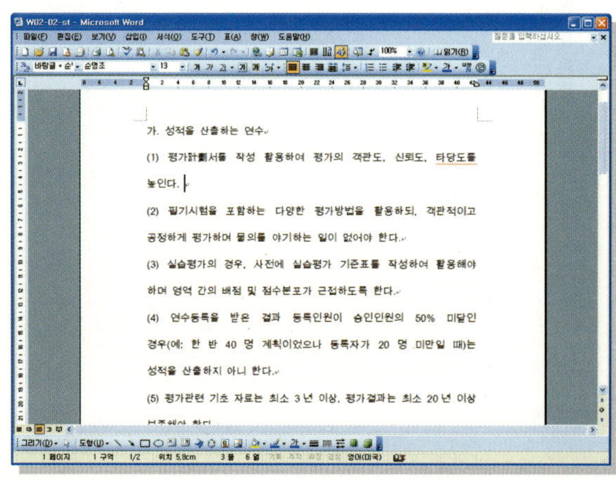

〈시작 예제〉 C:\Wordprocess\Chapter02\W02-02-st.doc

1. [파일]─[열기]를 실행하여 'W02-02-st.doc' 파일을 연다.
2. '계획' 단어를 범위 지정한 후 키보드의 〈한자〉키를 누른다.
3. [한글/한자 변환] 대화 상자에서 변경하고자 하는 단어를 선택한 후 [변환] 단추를 클릭한다.

Chapter 03 문서 서식

문서 서식

>>> 문서를 작성할 때 기본 스타일의 텍스트만을 밋밋하기 입력하기 보다는 중간 중간에 글꼴이나 글자의 색 등을 다양하게 하여 시각적으로 눈에 띄는 문서를 만들 수 있다. 제목을 크게 만들거나 색을 넣는 등 여러 가지 효과를 적용하여 문서를 편집하기도 한다.

문서를 편집하는데 있어서 글자를 보기 좋게 설정하고 배치하는 것은 가장 기본적인 일이라 할 수 있다. 글자체나 글자 크기를 변경하고 진하게 또는 기울임 등의 유형을 설정한다. 서식 도구 모음을 이용하거나 [글꼴] 대화 상자를 이용하여 변경할 수도 있다.

학습 목표

- 입력한 글자의 글꼴, 글자 크기, 글꼴 스타일 등을 적용할 수 있다.
- 글꼴 색을 변경할 수 있다.
- 위 첨자 및 아래 첨자를 넣을 수 있다.
- 대소문자를 변경 할 수 있다.
- 자동 하이픈을 적용 할 수 있다.

01 글꼴, 글꼴 스타일, 글꼴 크기 적용

텍스트를 편집하고 보기 좋은 문서를 만들기 위해서는 글꼴의 종류, 기울임, 굵게 등의 유형과 크기, 글자 색 등의 각종 효과를 지정하는 것이 중요한 일이다. 글꼴의 크기와 서식을 [글꼴] 대화 상자를 이용하여 적용해 보자.

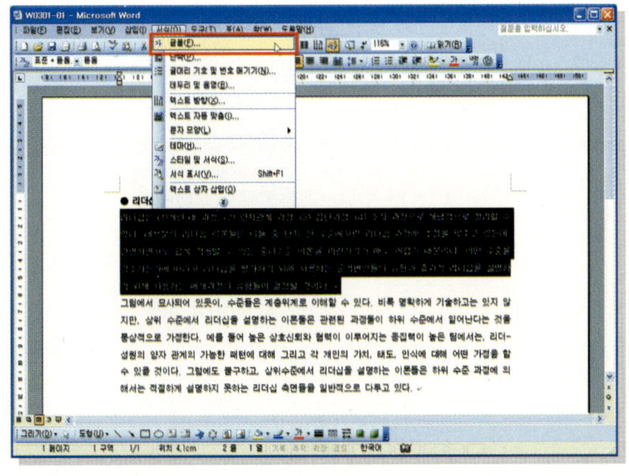

01 글꼴을 변경할 대상의 범위를 설정한다. [서식] 메뉴의 [글꼴]을 선택한다.

〈시작 예제〉 C:\Wordprocess\Chapter03\W0301-01.doc

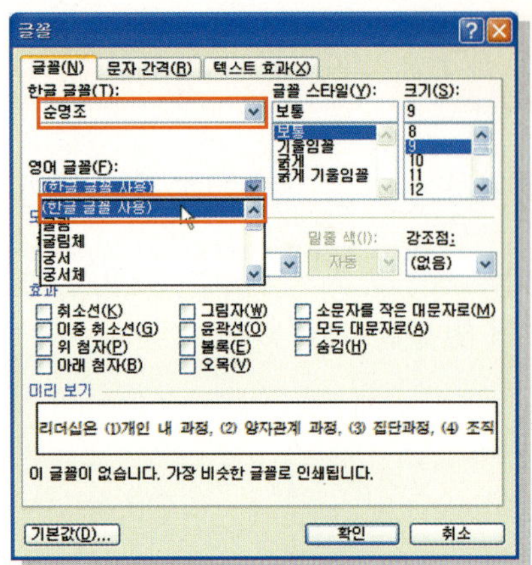

02 [글꼴] 대화 상자의 [글꼴] 탭에서 임의의 한글 글꼴과 영문 글꼴을 설정할 수 있다. 각 글꼴의 목록 단추를 눌러 원하는 글꼴을 선택한다.

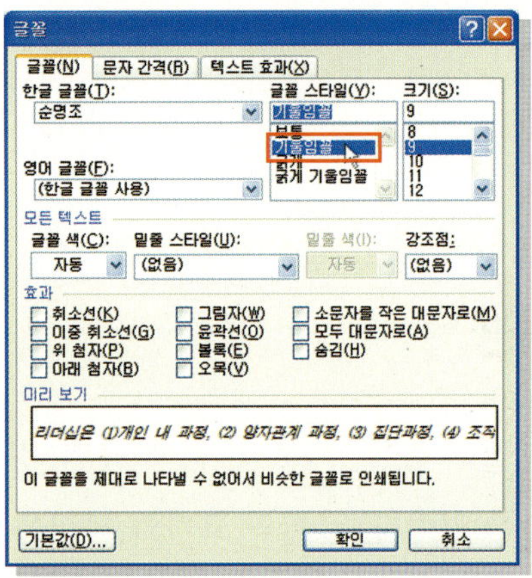

03 [글꼴 스타일] 목록에서 '기울임꼴'을 설정한다.

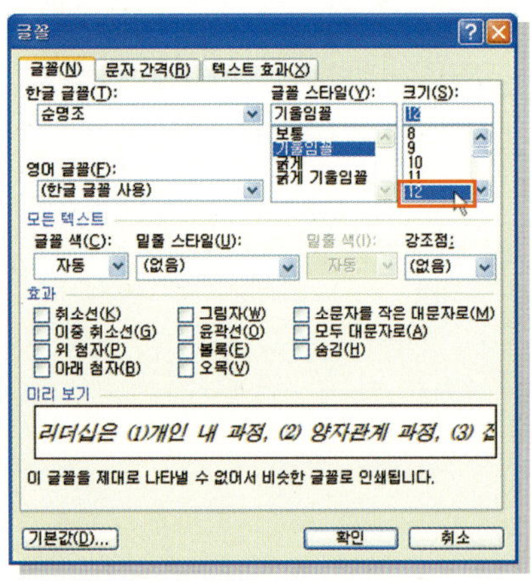

04 [크기]의 목록에서 '12' 포인트를 선택하고 [확인] 단추를 선택한다.

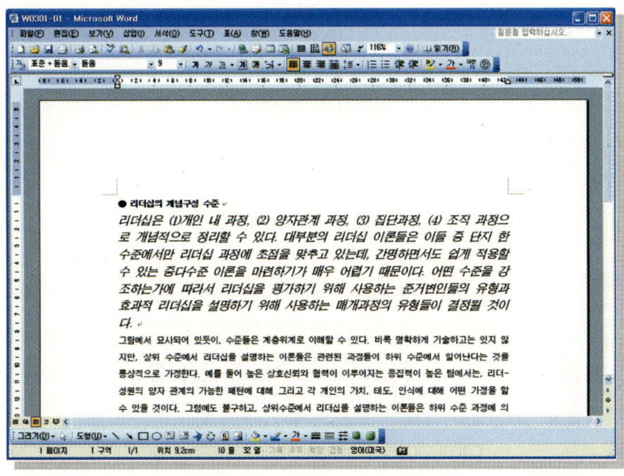

05 글꼴 서식이 적용된 결과이다.

 **서식 도구 모음의 글꼴 서식과 관련된 아이콘**

❶ **글꼴**(바탕) : 글꼴을 표시/변경한다.

❷ **글꼴 크기**(10) : 글자의 크기를 설정한다.

❸ **굵게**(가) : 글자의 두께를 지정/해제한다.

❹ **기울임꼴**(가) : 글자의 기울임을 지정/해제한다

❺ **밑줄**(가) : 글자에 밑줄을 지정/해제한다.

❻ **상자**(갸) : 글자에 테두리 상자를 지정/해제한다.

❼ **음영**(갸) : 글자의 바탕에 음영을 지정/해제한다.

❽ **장평**(갸) : 글자의 가로 넓이의 비율을 늘리거나 줄여 세로/가로 확대를 설정한다.

글꼴서식의 단축키 모음

Ctrl+D : [글꼴] 대화 상자가 화면에 나타난다.

Ctrl+B(Bold) : 굵게를 선택하는 단축키이다.

Ctrl+I(Italic) : 기울임꼴을 선택하는 단축키이다.

Ctrl+U(Underline) : 밑줄을 선택하는 단축키이다.

Ctrl+] : 글자 크기가 1포인트씩 증가한다.

Ctrl+[: 글자 크기가 1포인트씩 감소한다.

 밑줄 서식 적용

다양한 모양과 색상의 밑줄을 글자에 설정할 수 있다. 문서의 일부분에 밑줄을 삽입하고 강
조하고자 하는 부분을 만들 수도 있다.

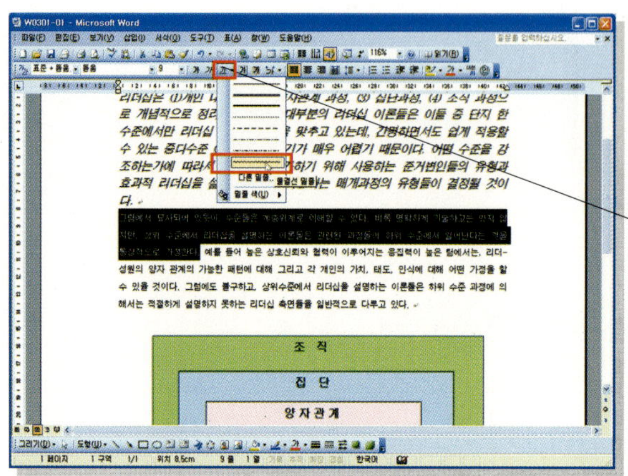

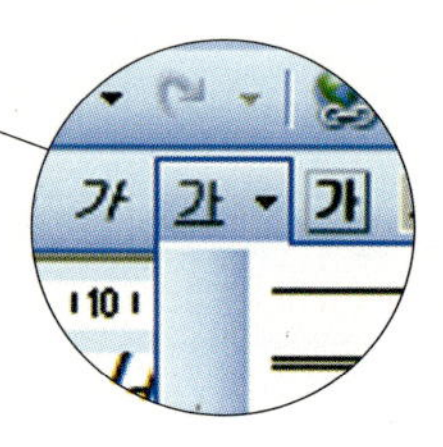

01 밑줄을 적용한 문장을 범위 지정한 후 서
식 도구 모음의 [밑줄] 아이콘 (가 ▾)의
화살표를 클릭하여 '물결선 밑줄' 을 선택
한다.

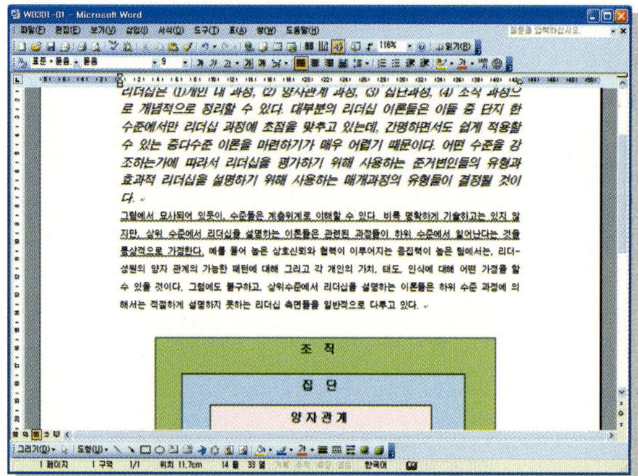

02 '물결선 밑줄' 이 적용된 결과이다.

 글꼴 색 적용

텍스트의 내용 중 강조하고자 하는 내용이 있거나 표시를 하고자 하는 부분이 있다면 글자의
색을 변경하여 강조할 수 있다. 글꼴 색을 변경하는 방법을 알아보자.

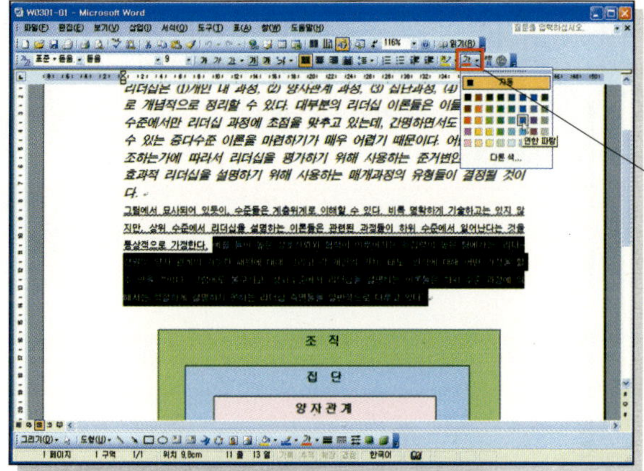

01 글꼴 색을 변경하기 위하여 색상을 적용할 부분을 블록을 지정한다.
서식 도구 모음의 [글꼴 색] 아이콘(가 ▼)의 화살표를 클릭하여 색상표에서 '연한 파랑' 을 선택한다.

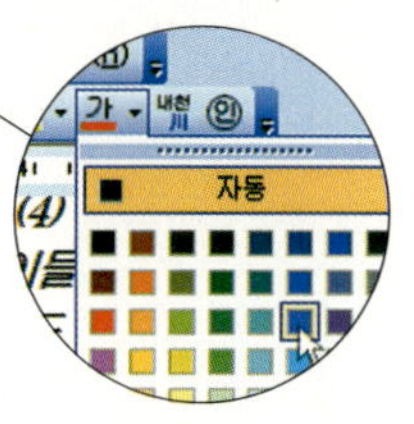

02 글자의 색이 '연한 파랑' 으로 적용되었다.

위 첨자나 아래 첨자는 수식의 지수승이나 제곱 등을 나타낼 때 많이 사용하는 것으로 글자의 위나 아랫부분에 작은 글씨로 표현하는 것을 말한다.

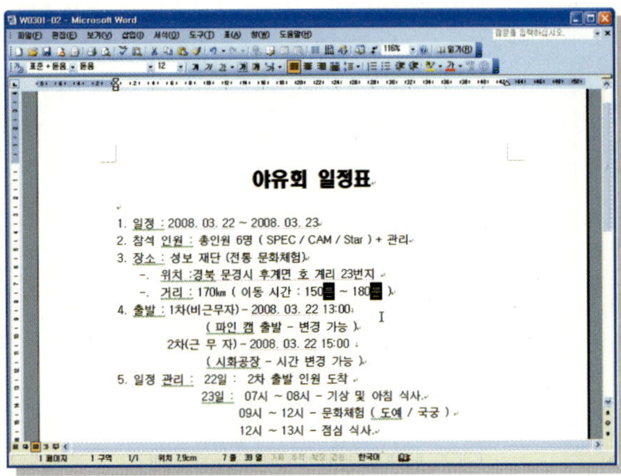

〈시작 예제〉 C:\Wordprocess\Chapter03\W0301-02.doc

01 위 첨자로 사용할 7행의 내용 중 시간에 해당하는 '분'을 〈Ctrl〉 키를 이용하여 모두 범위 지정한다.

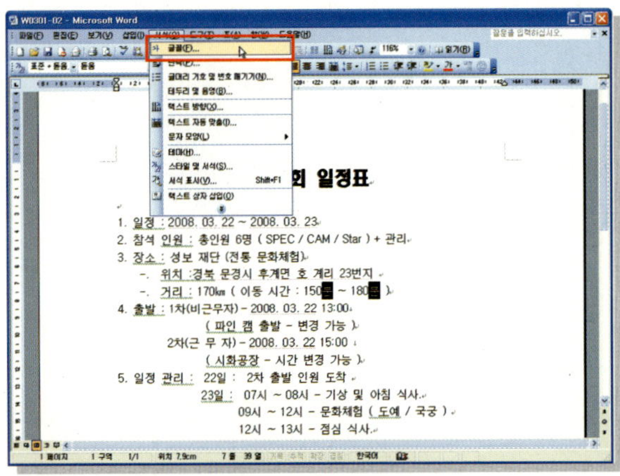

02 [서식]-[글꼴] 메뉴를 선택한다.

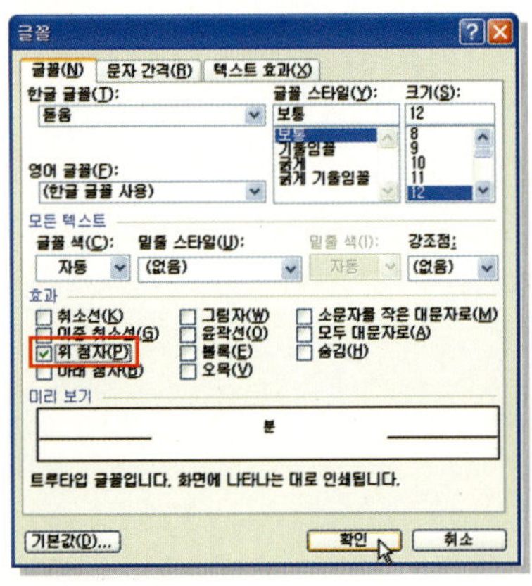

03 [글꼴] 대화 상자의 [글꼴] 탭의 [효과] 영역의 '위 첨자'에 체크한 후 [확인] 단추를 클릭한다.

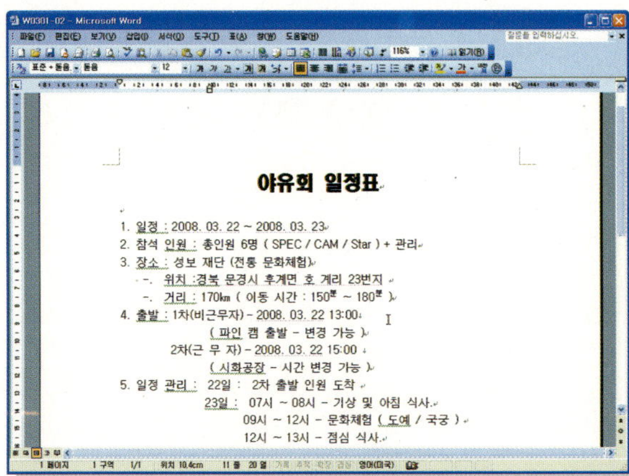

04 '분' 글자가 모두 위 첨자가 되었다.

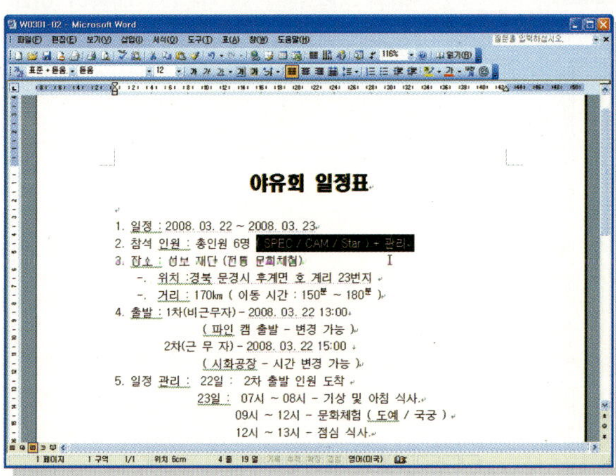

05 아래 첨자를 만들기 위하여 3행의 내용을 범위 지정한다.

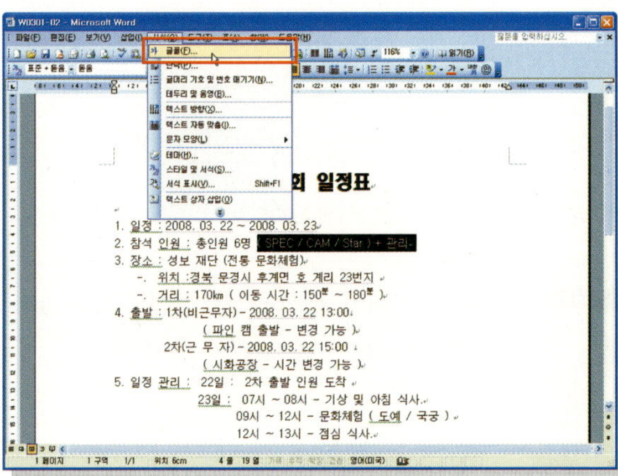

06 [서식]-[글꼴] 메뉴를 선택한다.

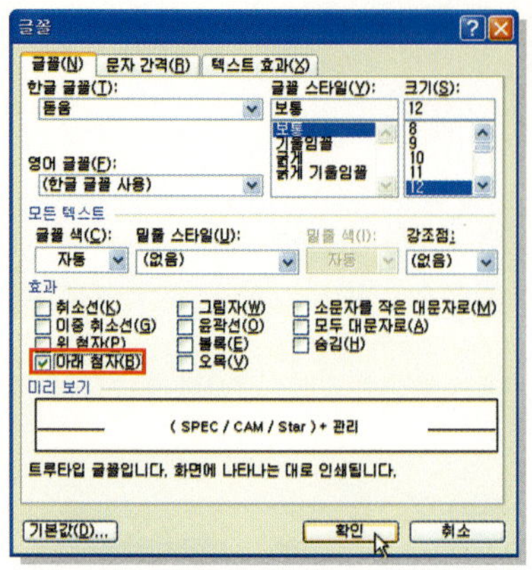

07 [글꼴] 대화 상자의 [글꼴] 탭의 [효과] 영역에서 '아래 첨자'를 선택한 후 [확인] 단추를 클릭한다.

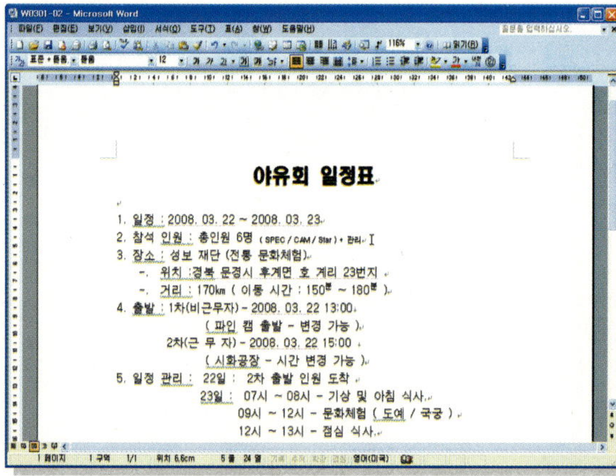

08 범위 지정했던 한 문장의 내용이 아래 첨자로 변환되었다.

05 대소문자 변경

영문으로 내용을 입력했을 경우 첫 글자는 대문자로 입력하거나 모든 문자를 대문자로 입력해야 할 때가 있다. 이미 입력된 영문 글자들을 대문자로 변환해보자.

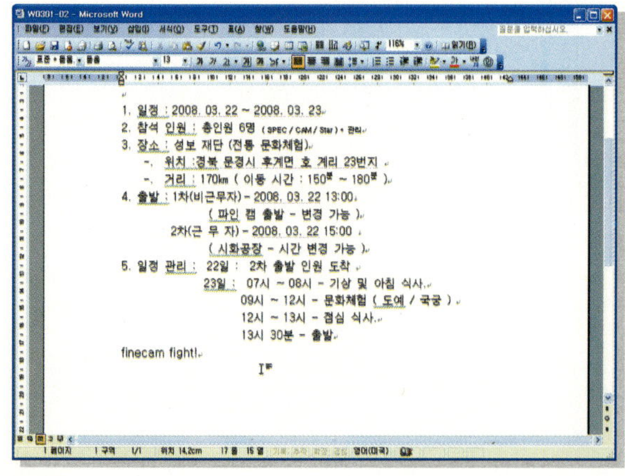

01 문서의 맨 마지막 줄에 'finecam fighting'을 소문자로 입력한다.

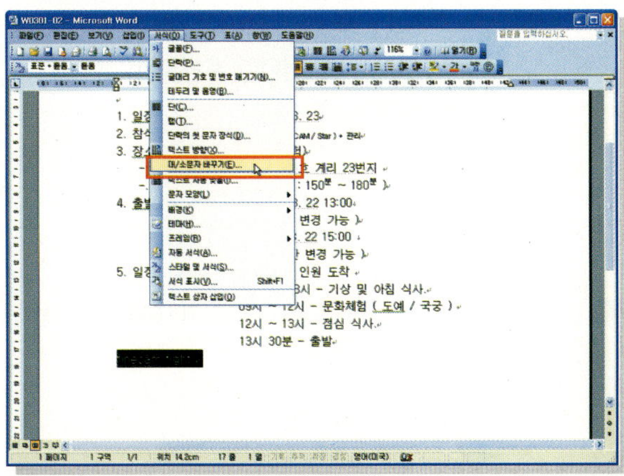

02 영문 단어의 첫 글자만 대문자로 변환하기 위하여 문장을 범위 지정한다. [서식]–[대/소문자 바꾸기] 메뉴를 선택한다.

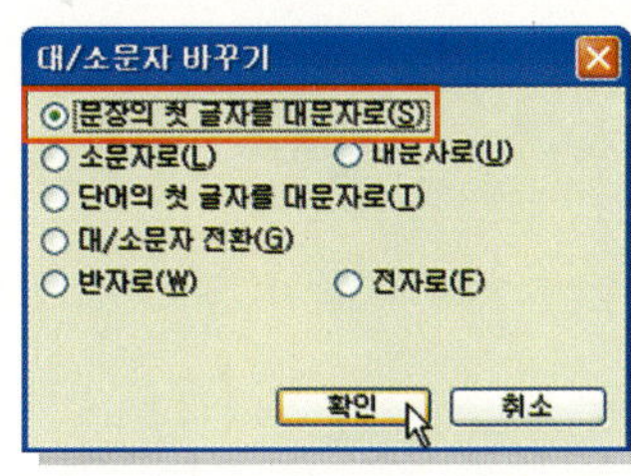

03 [대/소문자 바꾸기] 대화 상자에서 '문장의 첫 글자를 대문자로'를 선택한 후 [확인] 단추를 클릭한다.

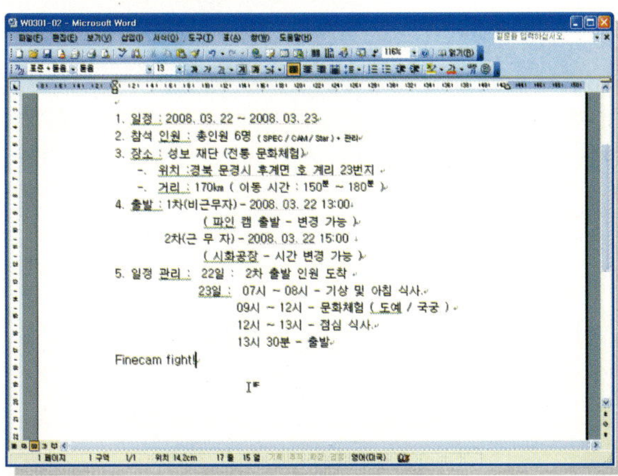

04 문장의 첫 글자만 대문자로 변환된 것을 볼 수 있다.

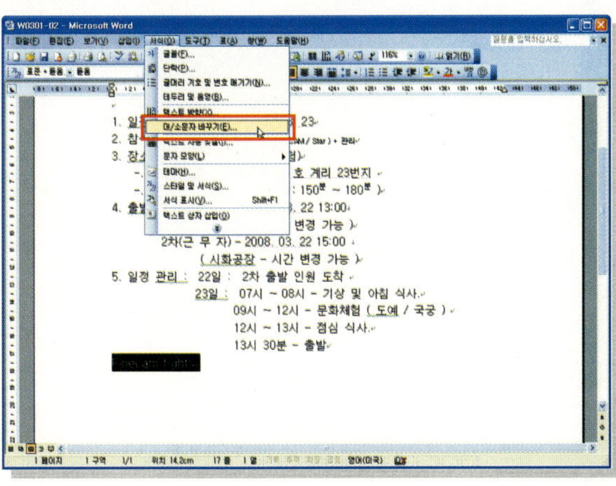

05 모든 문자들을 대문자로 변화하기 위하여 내용을 범위 지정한다. [서식]–[대/소문자 바꾸기] 메뉴를 선택한다.

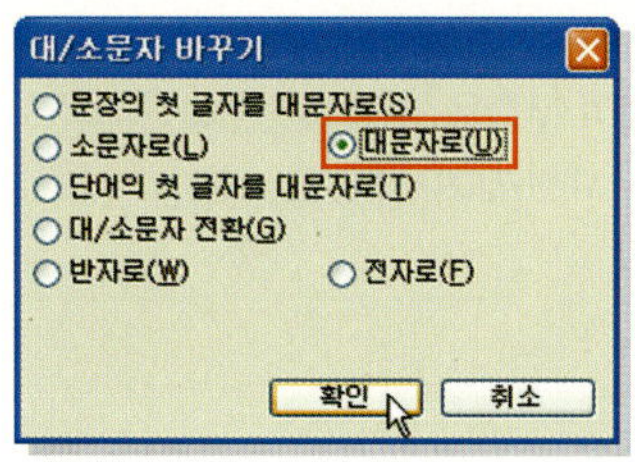

06 [대/소문자 바꾸기] 대화 상자에서 '대문자로'를 선택한 후 [확인] 단추를 클릭한다.

07 범위 지정했던 문장이 대문자로 변경되었다.

06 자동 하이픈 연결

단어가 너무 길어 줄 끝에서 잘릴 때 하이픈이 추가되지 않고 단어 전체가 다음 줄로 넘어간다. 단어 전체를 다음 줄로 넘기지 않고 단어의 연결된 표시라는 것을 알려 주는 것이 하이픈이다. 하이픈 넣기 기능을 사용하여 하이픈을 삽입하면 양쪽 맞춤 텍스트의 간격을 없애거나 좁은 열에서 줄 길이를 똑같이 유지할 수 있다. 하이픈 기능은 일부의 언어에서는 적용이 안될 수도 있다.

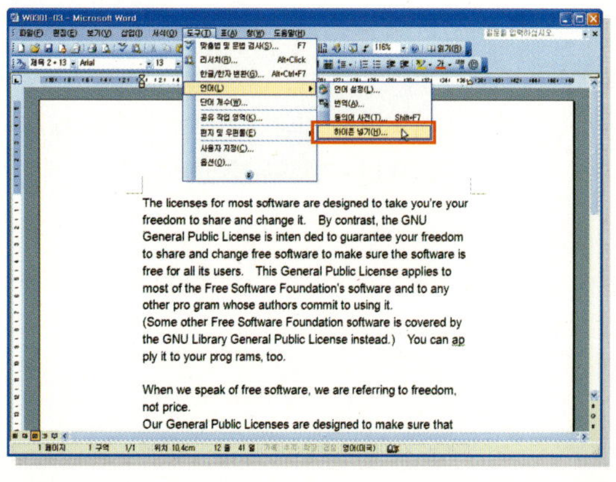

01 [도구]-[언어]-[하이픈 넣기] 메뉴를 클릭한다.

〈시작 예제〉 C:\Wordprocess\Chapter03\W0301-03.doc

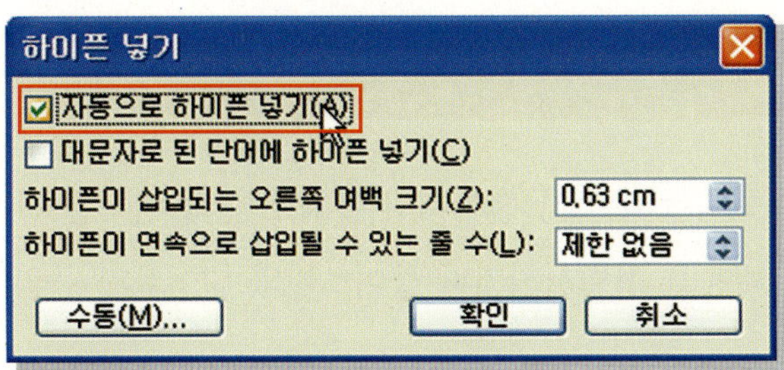

02 [자동으로 하이픈 넣기]를 선택한다.

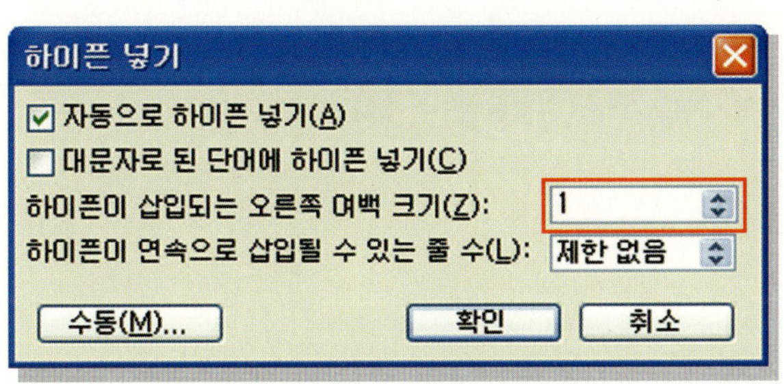

03 [하이픈이 삽입되는 오른쪽 여백 크기] 상자에 한 줄의 마지막 단어 끝과 오른쪽 여백 사이의 간격을 '1'로 입력한다. 하이픈 수를 줄이려면 하이픈이 삽입되는 오른쪽 여백 크기를 넓게 지정한다. 오른쪽 여백의 크기를 줄이려면 하이픈이 삽입되는 오른쪽 여백의 크기를 좁게 지정한다.

04 [하이픈이 연속으로 삽입될 수 있는 줄 수] 상자에 하이픈을 넣을 수 있는 연속 줄 수를 '2' 입력한 후 [확인] 단추를 클릭한다.

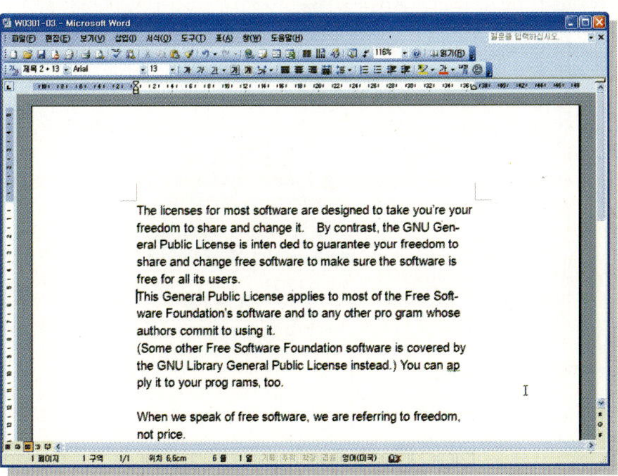

05 자동 하이픈 기능이 설정된 결과이다.

단락이란 문장을 입력하기 시작하여 〈Enter〉 키를 누르기 전까지의 단위로 단락 서식은 단락 단위로 적용된다. 특정 위치를 기준으로 내용을 정렬시키거나 들여쓰기와 내어쓰기 등의 단락 서식을 설정할 수 있다.

학습 목표

- 단락을 정렬하는 방법과 단락의 첫 줄을 들여쓰기와 내어쓰기하는 방법을 알 수 있다.
- 글머리 기호와 번호 매기기를 적용할 수 있다.
- 단락의 테두리와 음영을 적용하여 단락을 꾸밀 수 있다.
- 탭을 설정할 수 있다.

01 단락 맞춤

단락의 기본 정렬 방식은 양쪽 맞춤이며 단락을 정렬하는 기능으로는 왼쪽, 오른쪽, 가운데, 균등 분할 맞춤 등이 있다.

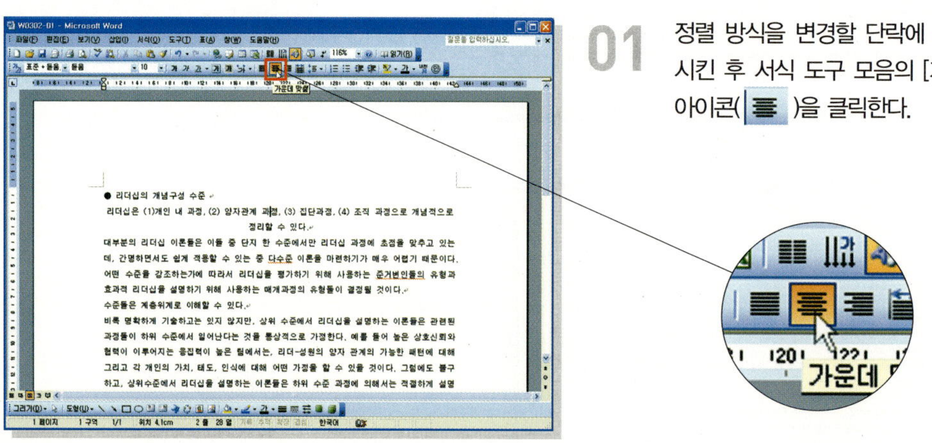

01 정렬 방식을 변경할 단락에 커서를 위치시킨 후 서식 도구 모음의 [가운데 맞춤] 아이콘(≡)을 클릭한다.

〈시작 예제〉 C:\Wordprocess\Chapter03\W0302-01.doc

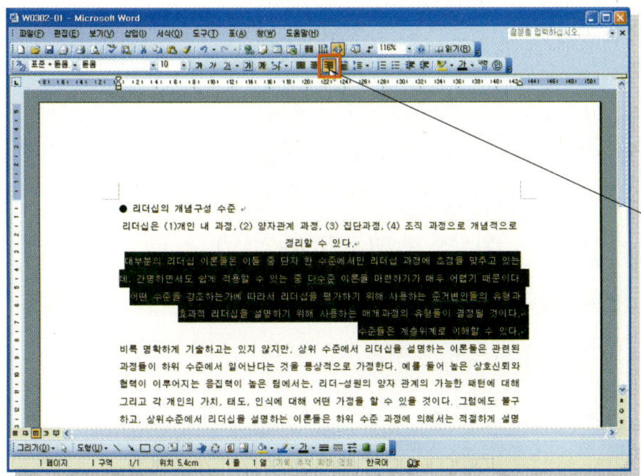

02 정렬 방식을 변경할 여러 개의 단락을 드래그하여 선택한 후 서식 도구 모음의 [오른쪽 맞춤] 아이콘(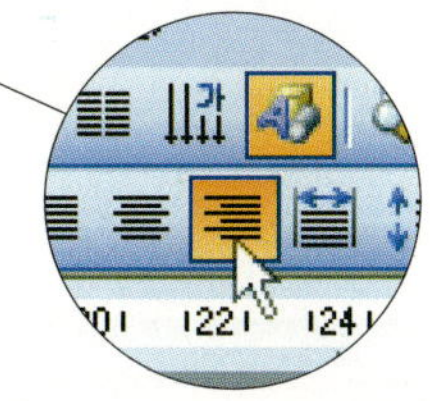)을 클릭한다.

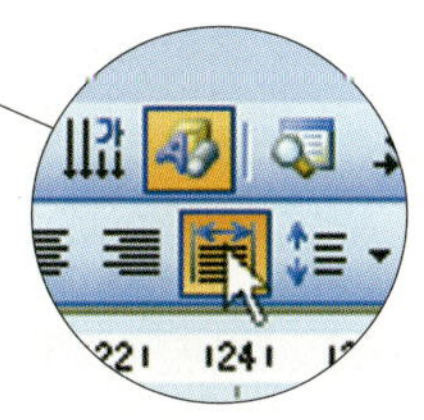

03 정렬 방식을 변경할 단락에 커서를 위치시킨 후 서식 도구 모음의 [균등 분할] 아이콘( )을 클릭한다.

 **tip 맞춤 설명**

❶ 양쪽 맞춤

단락의 양쪽 끝을 기준으로 정렬한다.

❷ 가운데 맞춤

단락의 가운데를 기준으로 정렬한다.

❸ 오른쪽 맞춤

단락의 오른쪽을 기준으로 정렬한다.

❹ 균등 분할 맞춤

단락에 있는 문자열을 단락 너비에 맞추어 똑같은 간격으로 정렬한다.

 들여쓰기와 내어쓰기

들여쓰기와 내어쓰기는 단락의 첫 줄의 위치를 설정하는 기능으로, 문서를 보기 쉽게 하기위해 사용한다. 들여쓰기를 지정할 때 전체 단락에 지정한다면 왼쪽이나 오른쪽에서 들여쓰기할 값을 글자 수로 지정하고 첫 줄 들여쓰기 할 때는 첫 줄 들여쓰기할 글자 수를 설정한다. 내어쓰기를 지정할 때는 왼쪽 여백의 크기 보다 작거나 같게만 지정할 수 있고, 크게 지정할 수는 없다.

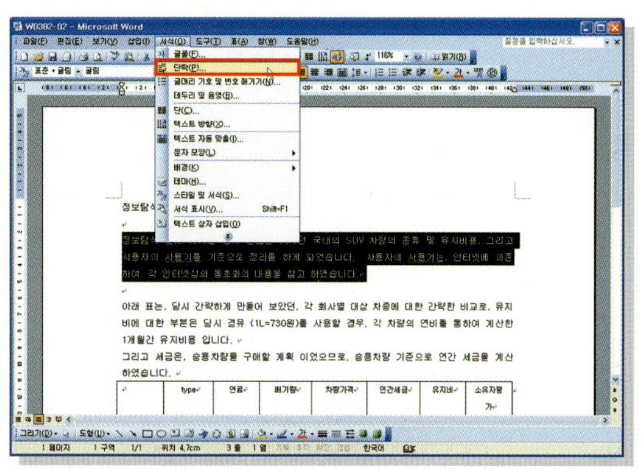

〈시작 예제〉 C:\Wordprocess\Chapter03\W0302-02.doc

01 들여쓰기를 실행할 단락을 범위 지정한 후 [서식] 메뉴의 [단락]을 선택한다.

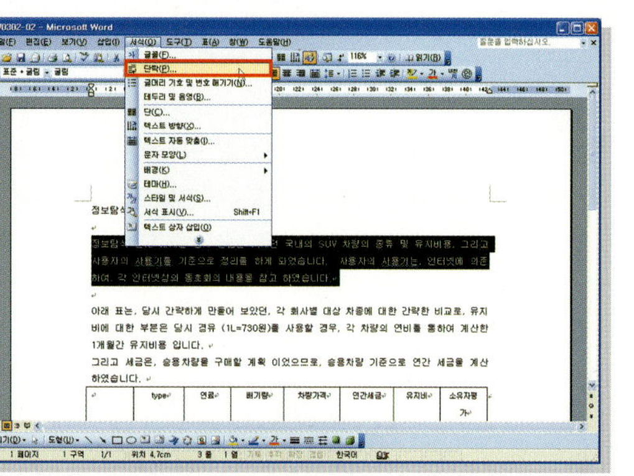

02 [단락] 대화 상자의 [들여쓰기 및 간격] 탭을 선택한 후 [들여쓰기] 항목의 [왼쪽에서]의 여백을 '4글자'를 설정하고 [간격] 항목의 [줄 간격]을 '2줄'을 설정한 후 [확인] 단추를 클릭한다.

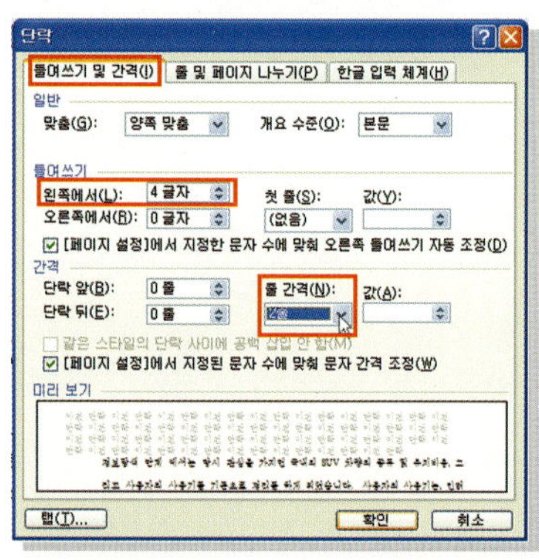

03 들여쓰기와 줄 간격이 조정된 결과 화면이다.

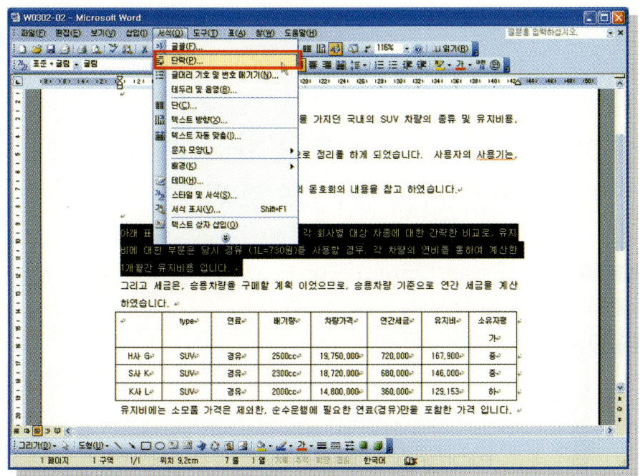

04 내어쓰기를 실행할 단락을 범위 지정한 후 [서식] 메뉴의 [단락]을 선택한다.

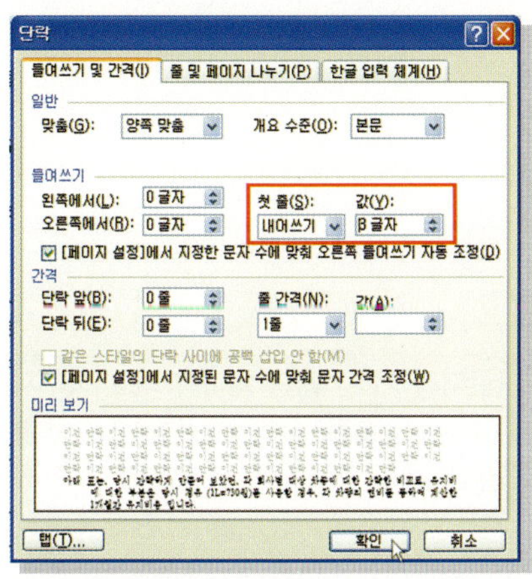

05 [단락] 대화 상자의 [들여쓰기 및 간격] 탭의 [간격] 항목의 [첫 줄] 부분의 화살표를 눌러 '내어쓰기'를 선택한 후, [값]을 '3글자'로 설정하고 [확인] 단추를 클릭한다.

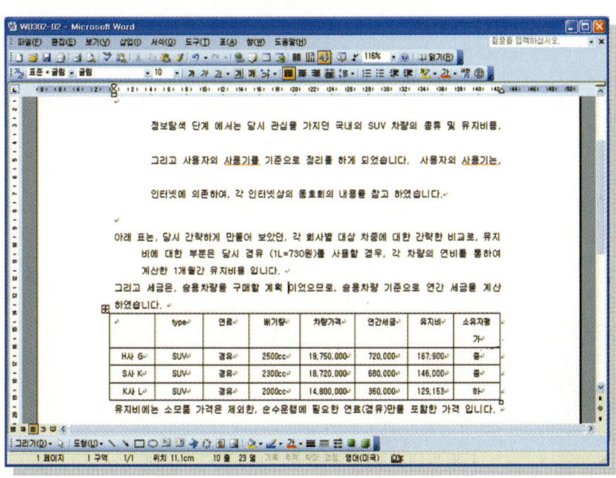

06 내어쓰기 결과 화면이다. 단락이 시작하는 첫 줄만 왼쪽으로 지정한 크기만큼 빠져 나와 있는 것을 확인할 수 있다.

03 글머리 기호

문서의 행 앞에 다양한 기호를 넣어주는 기능으로 기본으로 제공하고 있는 글머리 기호를 선택해서 사용할 수도 있지만 보다 다양한 모양의 기호로 사용자가 임으로 변경도 가능하다.

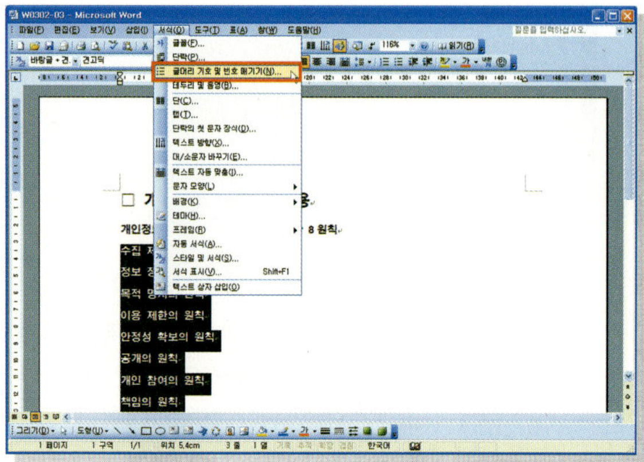

01 글머리 기호를 설정할 부분을 범위 지정한 후 [서식] 메뉴의 [글머리 기호 및 번호 매기기]를 선택한다.

〈시작 예제〉 C:\Wordprocess\Chapter03\W0302-03.doc

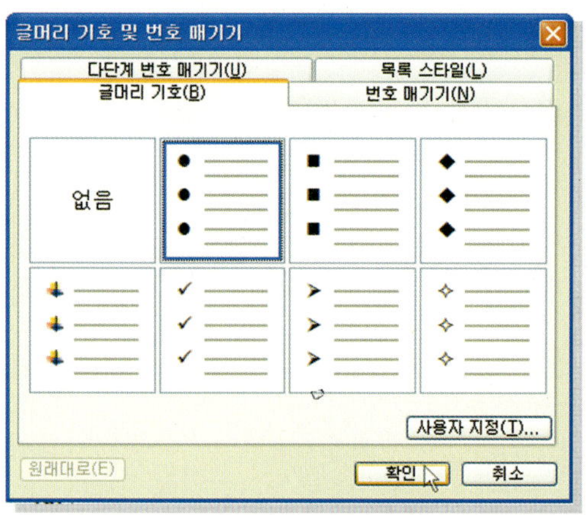

02 [글머리 기호] 탭의 글머리 기호 중에서 원하는 형태를 선택하고 [확인] 단추를 클릭한다.

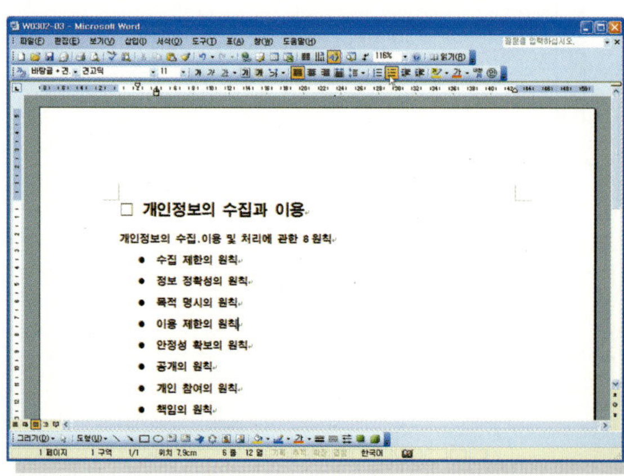

03 글머리 기호를 선택한 결과 화면이다.

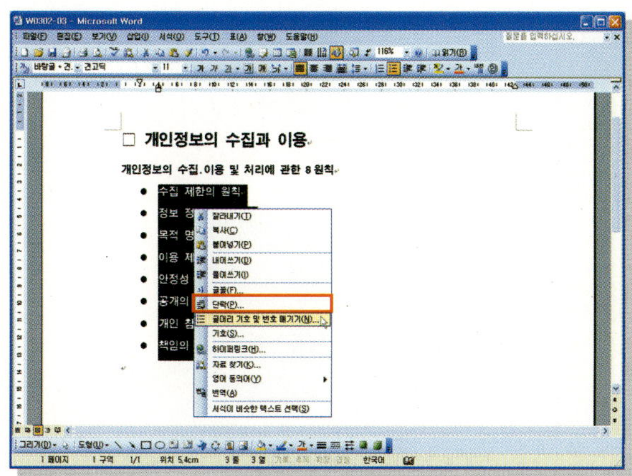

04 다른 형태의 기호를 설정하기 위해 글머리 기호를 설정할 부분을 범위 지정한 후 마우스 오른쪽 단추를 클릭하여 [글머리 기호 및 번호 매기기]를 선택한다.

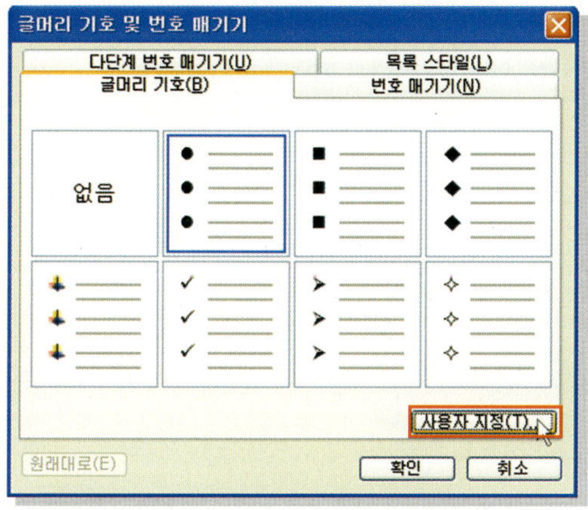

05 [글머리 기호 및 번호 매기기] 대화 상자에서 [사용자 지정] 단추를 클릭한다.

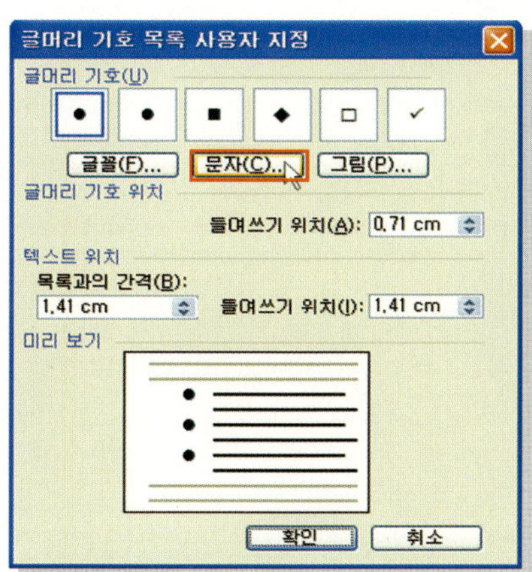

06 [글머리 기호 목록 사용자 지정] 대화 상자에서 [문자] 단추를 클릭한다.

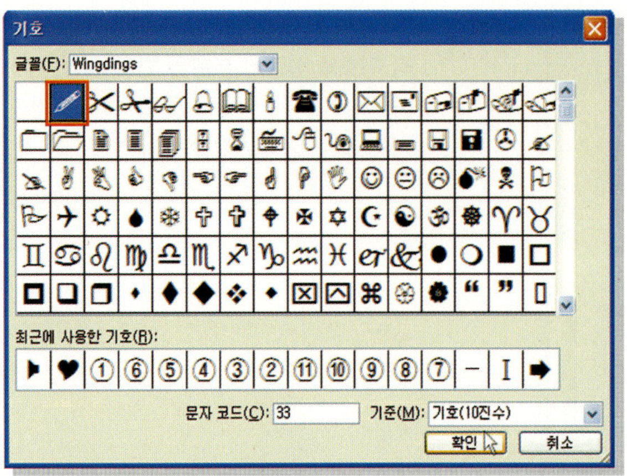

07 [기호] 대화 상자에서 기호 하나를 선택한 후 [확인] 단추를 클릭한다.

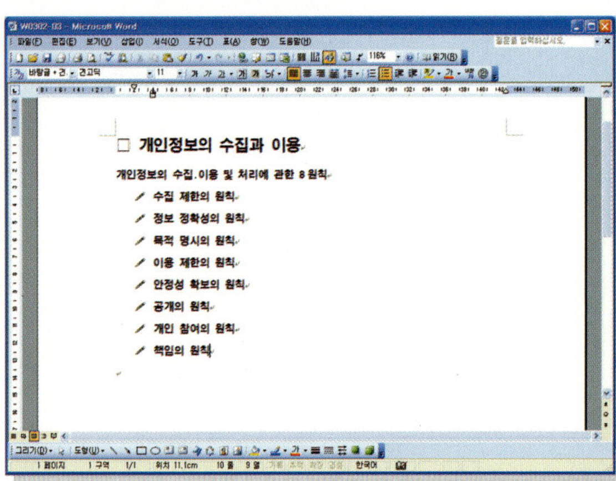

08 모든 대화 상자를 종료하면 글머리 기호가 선택한 기호로 변환되었다.

04 번호 매기기

문서의 행 앞에 다양한 번호를 넣어주는 기능으로 번호의 유형에는 7가지가 있다. 시작 번호를 '1'이 아닌 다른 번호부터 시작을 할 수 있고 번호의 크기도 본문의 내용과 다른것으로 작성 할 수 있다.

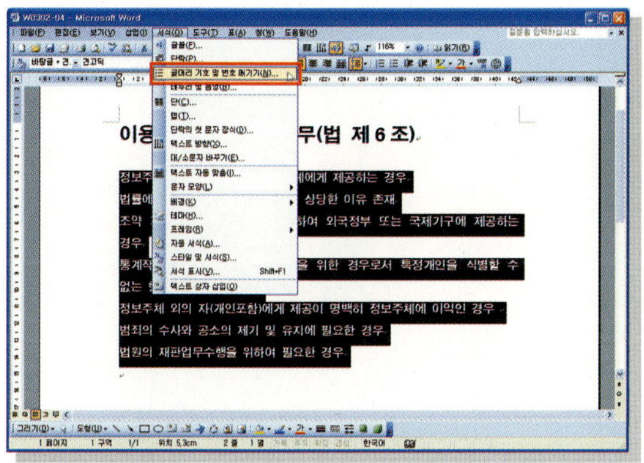

〈시작 예제〉 C:\Wordprocess\Chapter03\W0302-04.doc

01 번호를 설정할 부분을 범위 지정한 후 [서식] 메뉴의 [글머리 기호/번호 매기기]를 선택한다.

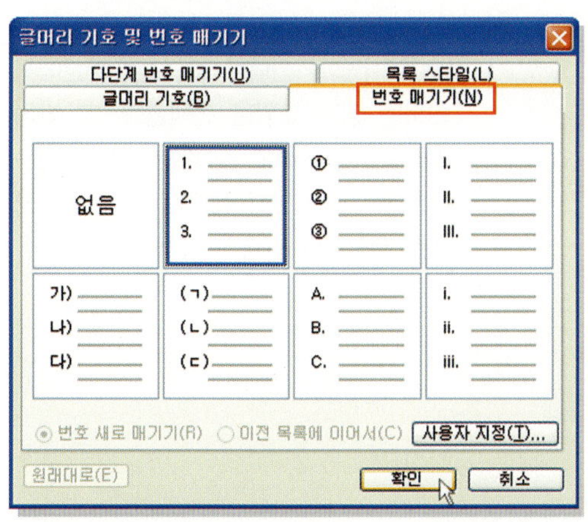

02 [글머리 기호 및 번호 매기기] 대화 상자의 [번호 매기기] 탭을 선택한 후 번호 유형을 선택하고 [확인] 단추를 클릭한다.

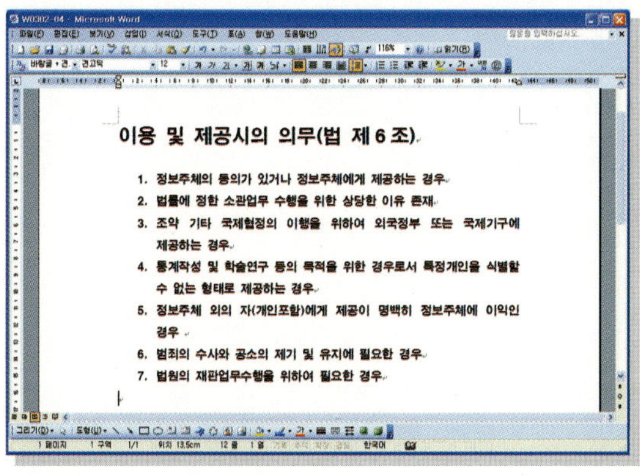

03 번호 매기기가 적용된 결과이다.

 # 단락 테두리 및 음영 적용

테두리를 이용하면 글자나 단락 전체에 상자를 씌우거나 색깔이나 두께를 조절하여 꾸미기를 할 수도 있고, 전체 쪽에 페이지 테두리를 넣는 것도 가능하며, 음영을 이용하면 훨씬 화려한 문서를 만들 수 있다.

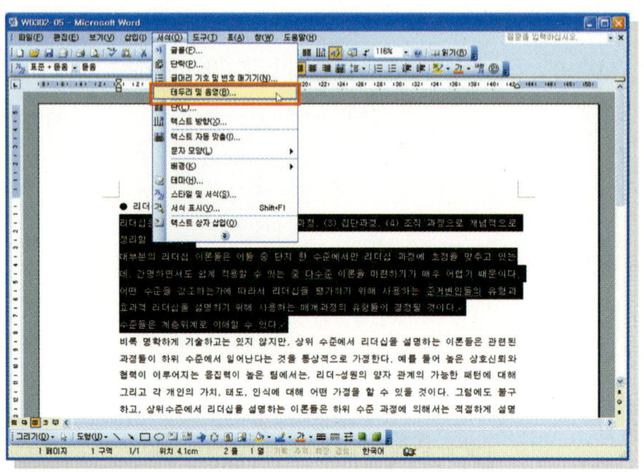

〈시작 예제〉 C:\Wordprocess\Chapter03\W0302-05.doc

01 괘선을 넣을 글자나 단락을 선택한 후 [서식] 메뉴의 [테두리 및 음영]을 선택한다.

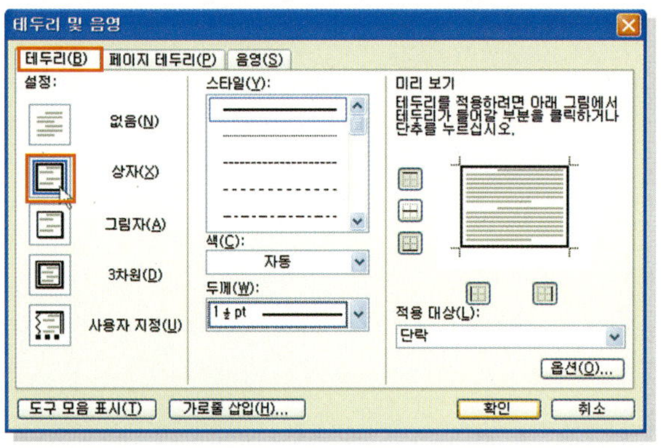

02 [테두리] 탭을 선택한 후 [설정] 부분에서 원하는 상자 모양을 선택한다. 그 밖의 스타일, 색, 두께도 설정할 수 있다. 적용 대상이 '단락'인지 살펴본 후 [확인] 단추를 클릭한다.

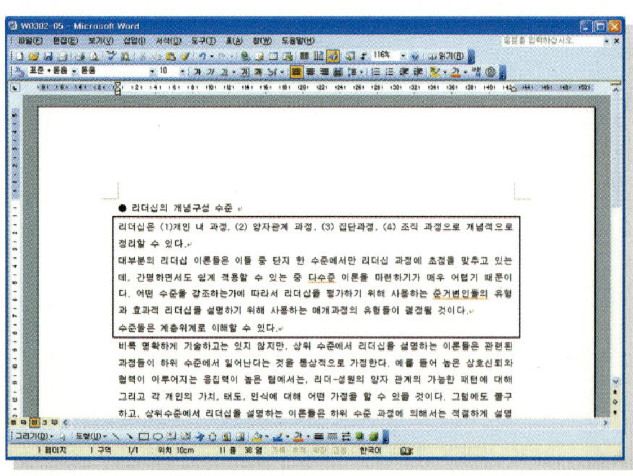

03 단락 테두리가 적용된 결과이다.

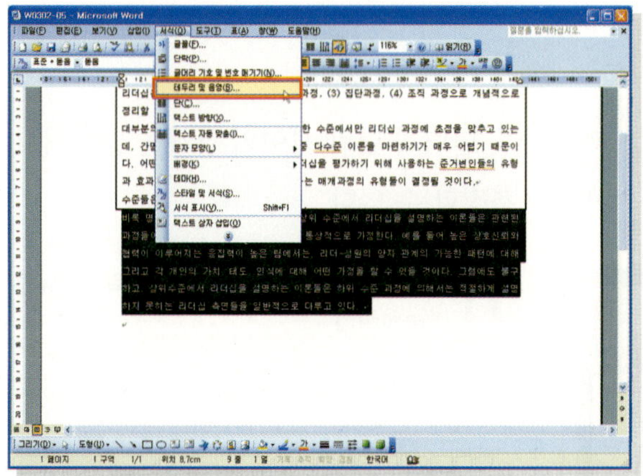

04 특정 문자열이나 단락에 배경색을 넣을 수 있는 음영을 지정하기 위해서 글자나 단락을 선택한 후 [서식] 메뉴의 [테두리 및 음영]을 선택한다.

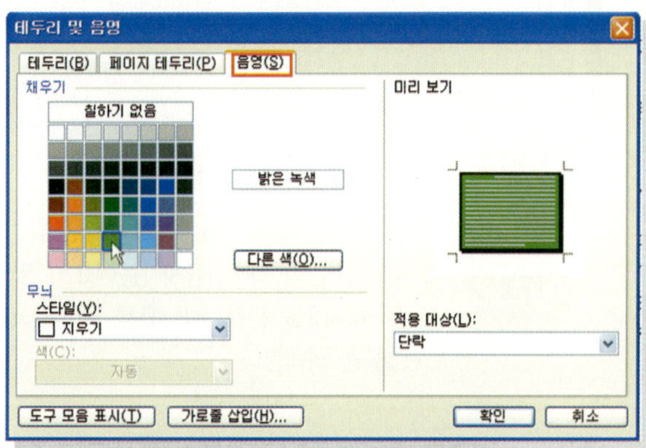

05 [테두리 및 음영] 대화 상자의 [음영] 탭을 선택한 후 '밝은 녹색'을 선택하고 [확인] 단추를 클릭한다.

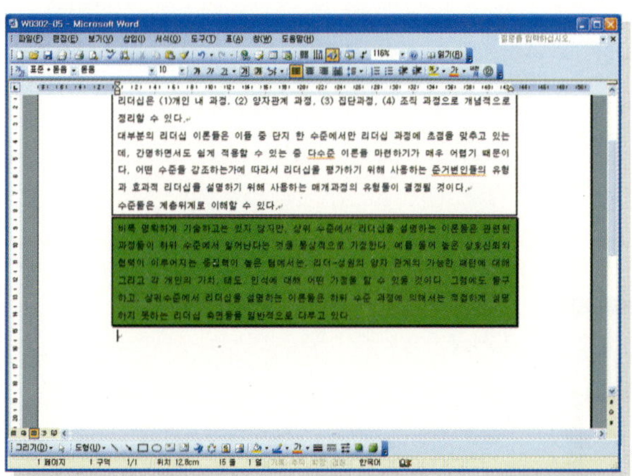

06 단락에 테두리와 배경색이 적용된 결과이다.

06 줄 간격 적용

줄 간격이란 행과 행사이의 간격을 조정하는 기능이며, 단락과 단락 사이의 간격을 넓히거나
좁혀 문서의 여백 구성이나 내용과 개체간의 여백을 조정할 수 있다.

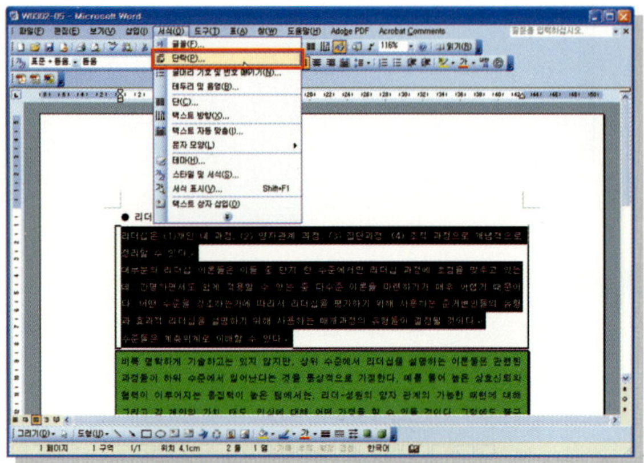

01 단락을 선택하고 [서식]–[단락] 메뉴를
클릭한다.

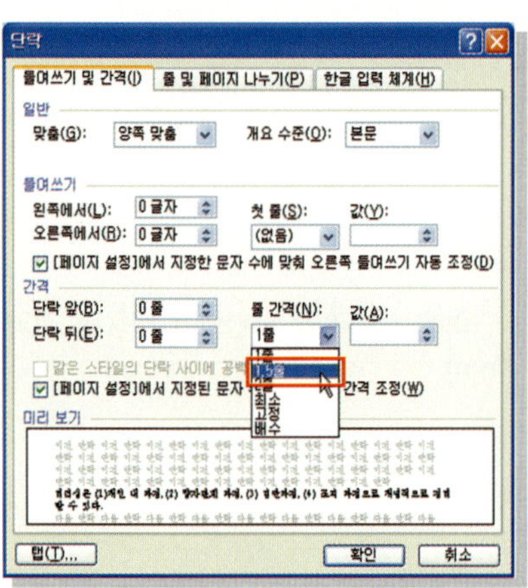

02 표시되는 단락 대화 상자 [들여쓰기 및
간격] 탭의 [줄 간격] 화살표를 클릭하여
'1.5줄'을 선택한다.

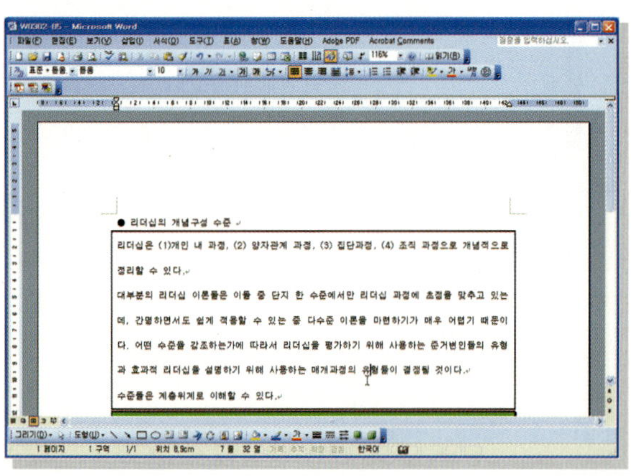

03 줄 간격이 넓어졌다.

1줄~2줄 : 1줄은 100%, 1.5줄은 150%, 2줄은 200%로 줄 간격을 조정한다.

최소 : 최소는 현재 단락에 있는 텍스트 크기를 제외한 다른 줄과의 간격을 지정하는 옵션이다.
이 값을 '0pt'로 설정하면 줄 간격을 최소로 조정할 수 있다.

고정 : 현재 줄에 있는 텍스트의 크기와 상관없이 줄에서 표시할 수 있는 높이를 pt로 설정할 수 있도록 해준다.

배수 : [값]에 지정한 배수 값대로 줄 간격을 조정해준다.

07 단락 나누기

문장을 입력하다 한 단락의 내용이 끝나기 전에 다음 단락의 내용을 입력하기 위해서는 단락 구분을 위한 〈Enter〉 키를 이용한다. 한 단락의 내용을 입력하는 도중에 단락을 바꾸는 것은 아니지만, 불가피하게 줄을 바꾸어야 하는 경우도 생긴다. 이때는 〈Shift+Enter〉를 이용하여 단락내 줄 바꿈을 한다.

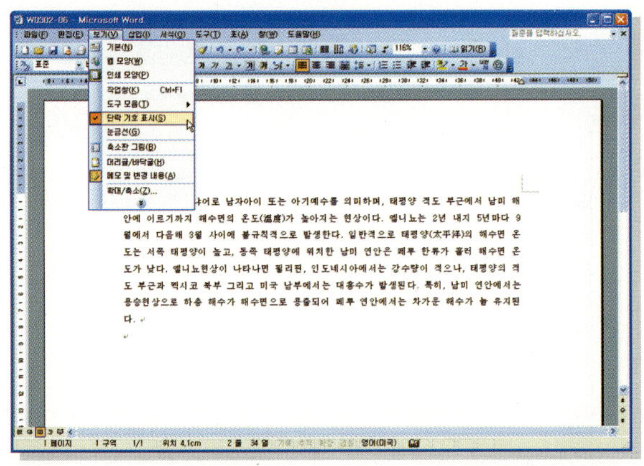

01 단락과 줄 바꿈의 구분을 쉽게 하기 위하여 [보기]-[단락 기호 표시] 메뉴를 선택한다. 줄 바꿈이 적용된 행은 문장 끝에 줄 바꿈 표시인 ↓ 기호가 나타나고 단락 나누기가 된 마지막 행은 단락 표시인 ↵ 기호가 나타난다.

〈시작 예제〉 C:\Wordprocess\Chapter03\W0302-06.doc

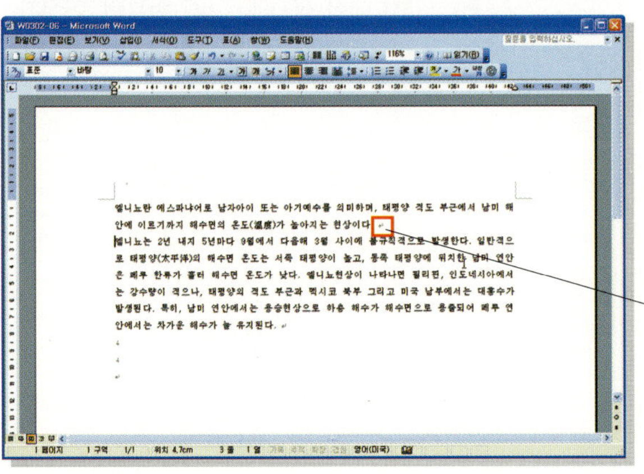

02 우선 첫 번째 단락을 나누기 위하여 '~온도(溫度)가 높아지는 현상이다.' 뒤에 커서를 이동한 후, 〈Enter〉 키를 누르면 단락이 나뉘어 지면서 문장 맨 끝에 단락의 표시인 ↵ 기호가 나타난다.

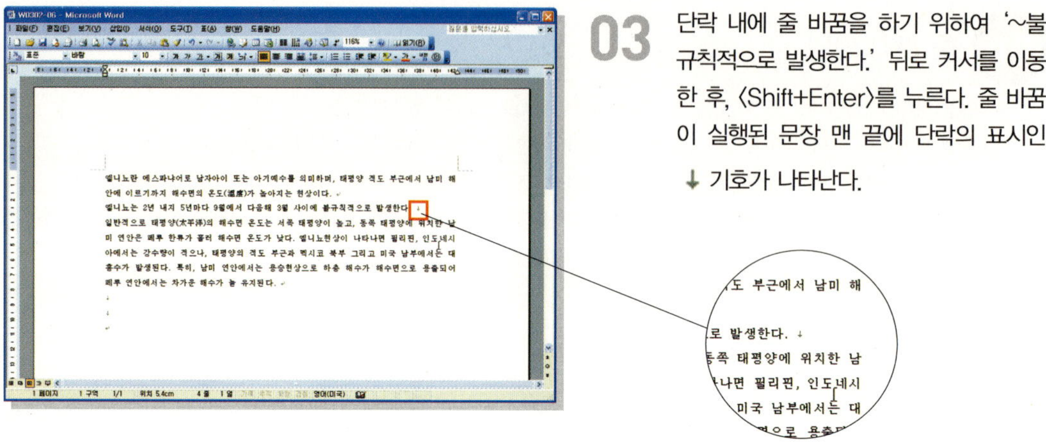

03 단락 내에 줄 바꿈을 하기 위하여 '~불규칙적으로 발생한다.' 뒤로 커서를 이동한 후, ⟨Shift+Enter⟩를 누른다. 줄 바꿈이 실행된 문장 맨 끝에 단락의 표시인 ↓ 기호가 나타난다.

08 탭 설정

문단의 모양을 설정할 때 탭을 사용하면 텍스트를 왼쪽, 오른쪽 , 가운데에 맞추거나 소수 기호 또는 세로 줄에 맞출 수 있다. 또한 마침표나 대시 등의 특수 문자를 탭 앞에 자동으로 삽입할 수도 있다.

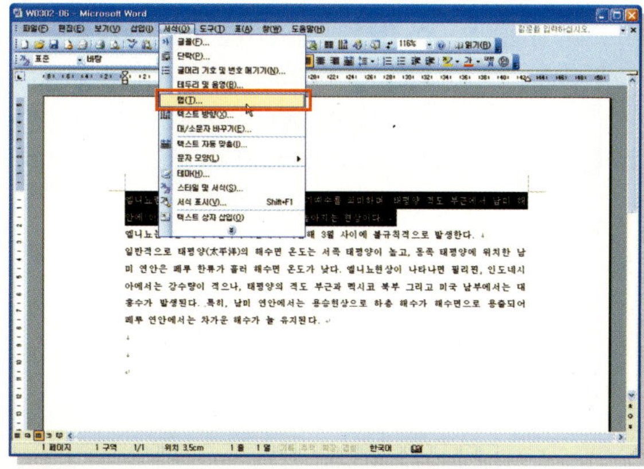

01 탭을 설정한 단락을 범위를 지정한 후 [서식]─[탭] 메뉴를 선택한다.

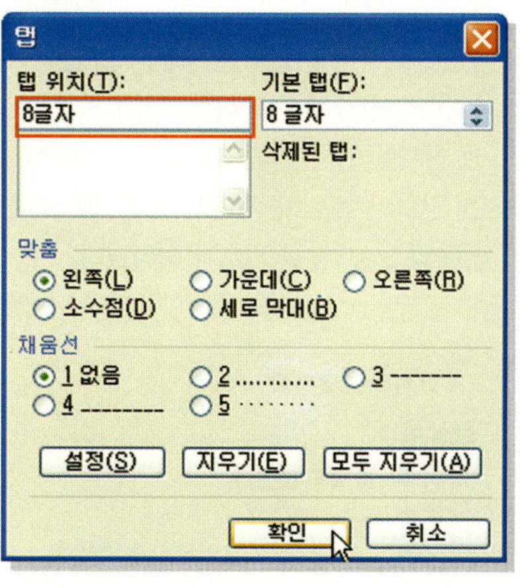

02 [탭] 대화 상자에서 [탭 위치]에 '8글자'를 입력하고 [설정], [확인] 단추를 클릭한다.

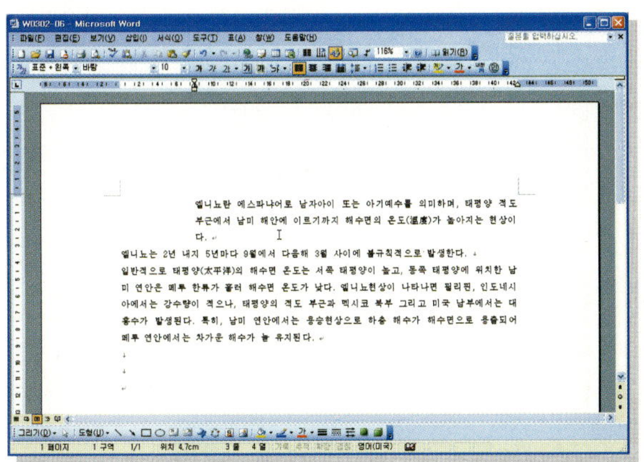

03 단락 전체가 선택되어 있는 상태에서 〈Tab〉 키를 누르면 삽입한 탭의 크기 '8글자' 만큼 탭이 이동된다.

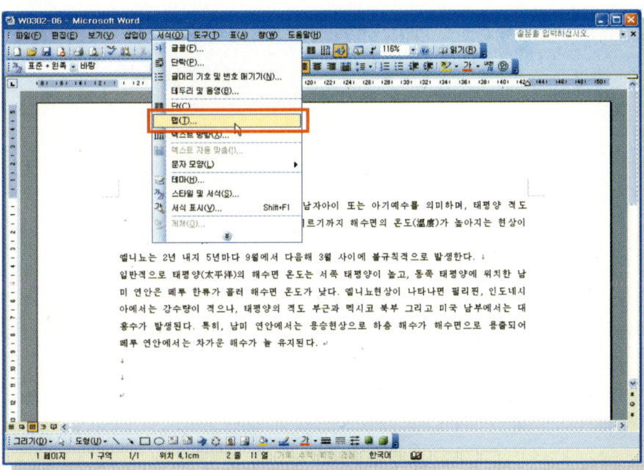

04 탭에 채움선을 넣기 위해서 탭이 설정된 첫 단락에 커서를 이동한 후 [서식]-[탭] 메뉴를 선택한다.

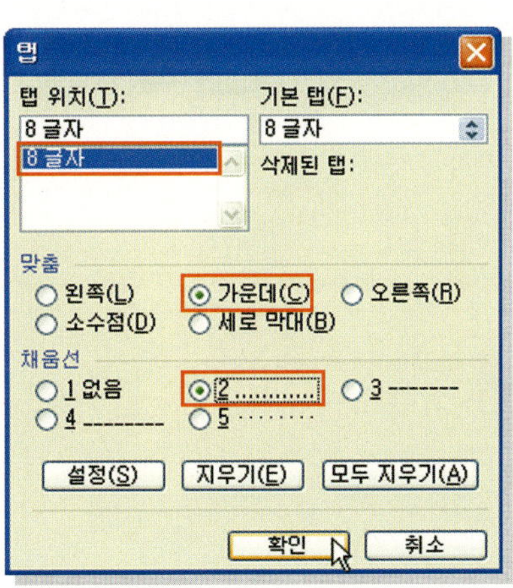

05 [탭] 대화 상자의 [탭 위치]에서 채움선을 추가할 기존 탭을 선택하고 맞춤에서 탭에 입력한 텍스트 맞춤 방법을 '가운데' 로 선택한다. 채움선에서 원하는 채움선 '2' 번을 클릭하고 [확인] 단추를 클릭한다.

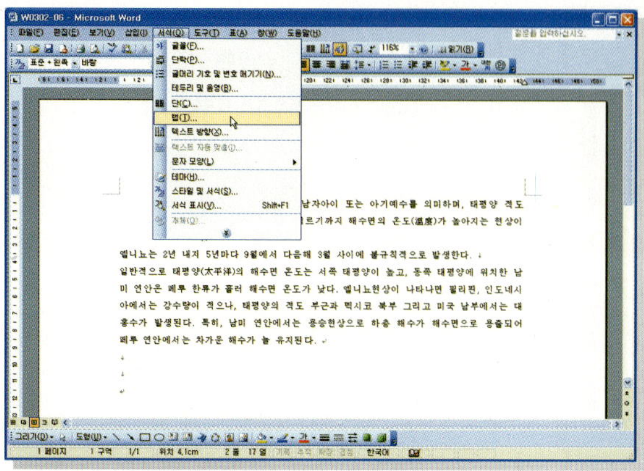

06 작성한 탭을 삭제하고자 할 때는 탭을 삭제하거나 이동할 단락을 선택한 후 [서식]–[탭] 메뉴를 선택한다.

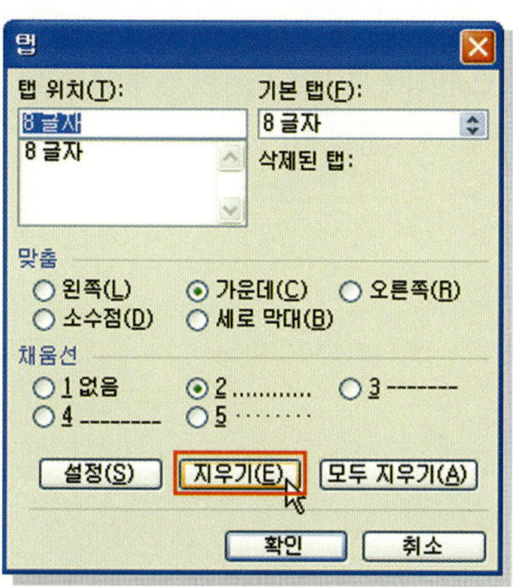

07 [탭] 대화 상자에서 지우고자 하는 탭을 선택한 후 [지우기] 단추를 클릭한다.

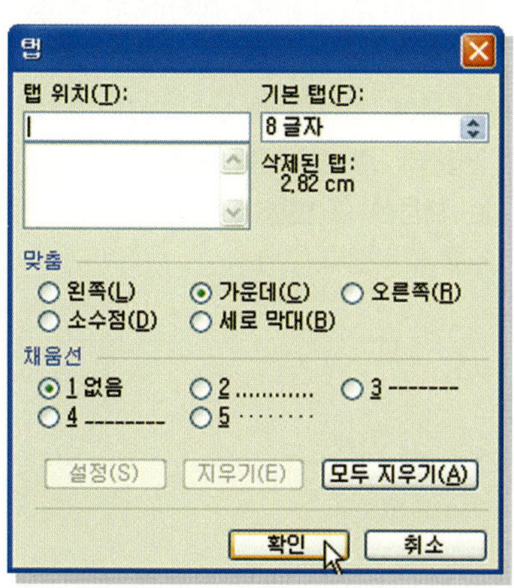

08 탭이 삭제가 되면 [확인] 단추를 클릭한다.

스타일이란 일관된 형식의 문서를 작성하고자 할 때 서식을 동일하게 사용할 수 있는 기능을 말한다. 글자에 관한 서식을 스타일로 지정할 수 있고 단락에 관한 서식을 스타일로 지정하여 작성되는 문서의 형식을 통일되게 만들 수 있다.

학습 목표

- 새로운 스타일을 만들 수 있다.
- 기존의 단락에 스타일을 적용할 수 있다.
- 스타일을 수정할 수 있다.
- 서식 복사를 할 수 있다.

01 표준 스타일 적용

문서를 작성할 때 스타일을 지정하면 글자 모양이나 단락 모양을 쉽게 적용할 수 있다. 글꼴이나 단락에 대한 정보를 가지고 있는 표준 스타일 중의 하나를 선택하여 적용해 보자.

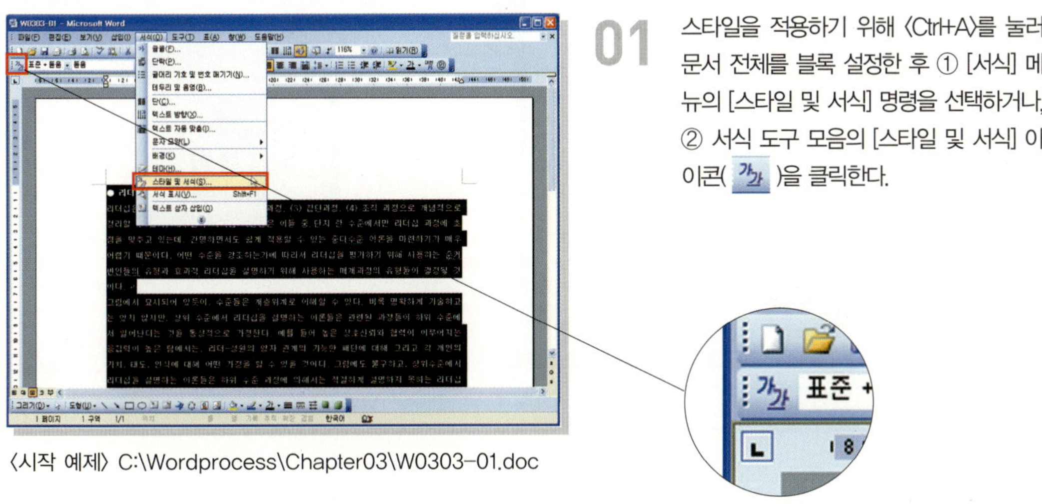

01 스타일을 적용하기 위해 〈Ctrl+A〉를 눌러 문서 전체를 블록 설정한 후 ① [서식] 메뉴의 [스타일 및 서식] 명령을 선택하거나, ② 서식 도구 모음의 [스타일 및 서식] 아이콘( )을 클릭한다.

〈시작 예제〉 C:\Wordprocess\Chapter03\W0303-01.doc

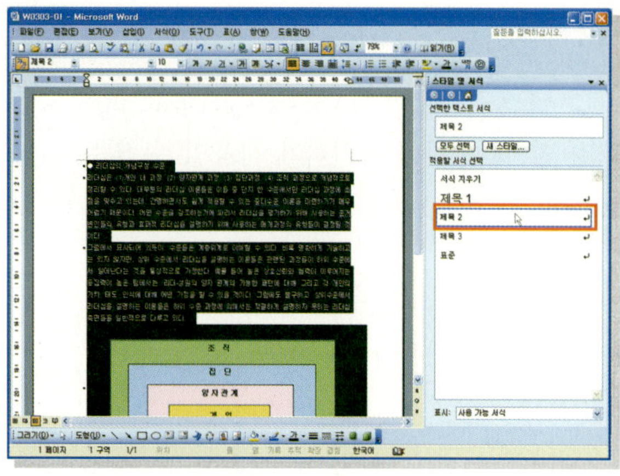

02 [스타일 및 서식] 작업창에서 '제목2'를
선택하면 블록 지정한 문장의 글꼴이나
단락 서식이 변경된다.

02 새 스타일 작성

사용자가 자주 사용하는 글꼴 서식이나 단락 서식을 하나의 이름으로 등록해 놓은 후 필요
할 때마다 사용할 수 있다.

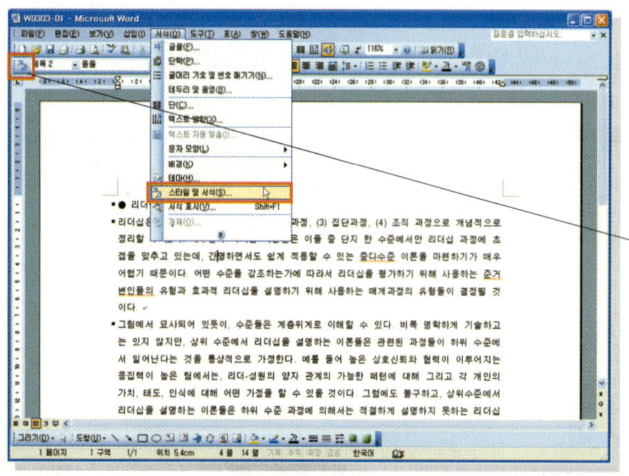

01 [서식] 메뉴의 [스타일 및 서식] 명령을
선택하거나, 서식 도구 모음의 [스타일
및 서식] 아이콘()을 클릭한다.

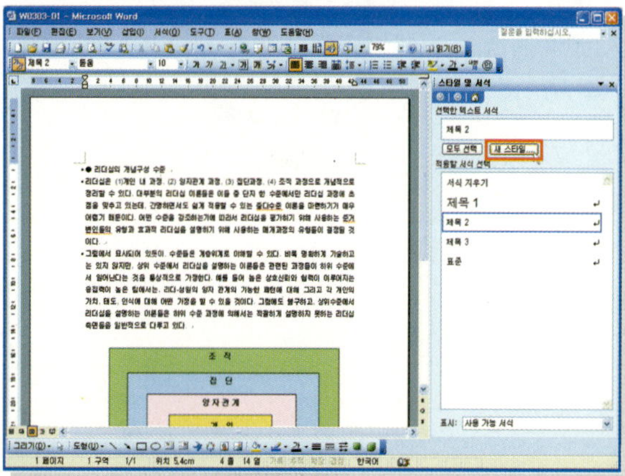

02 [스타일 및 서식] 작업창의 [새 스타일]
단추를 클릭한다.

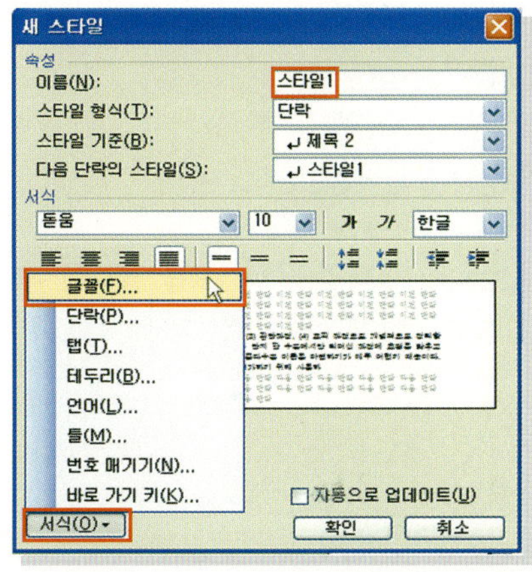

03 [새 스타일] 대화 상자에서 스타일 이름을 입력한 후 [서식] 단추를 클릭하여 [글꼴]을 선택한다.

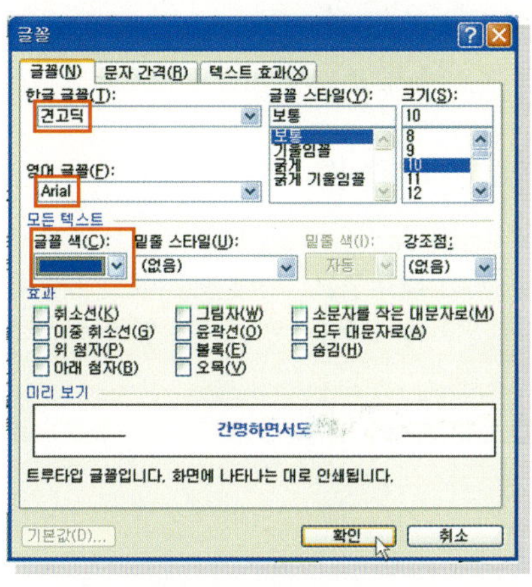

04 [글꼴] 대화 상자가 나타나면 글꼴 서식을 설정한 후 [확인] 단추를 클릭하고 [새 스타일] 대화 상자에서 다시 [확인] 단추를 클릭한다.

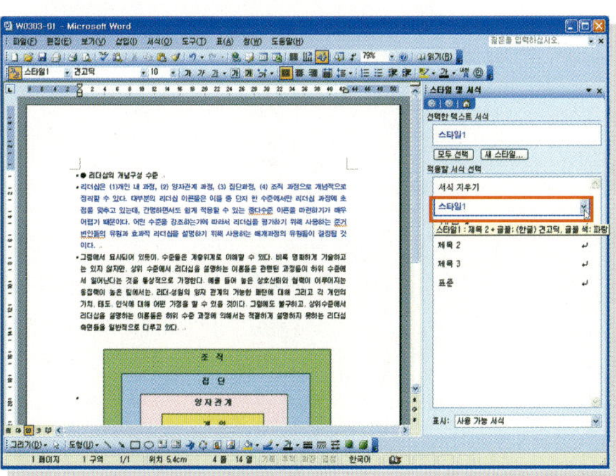

05 [스타일 및 서식] 작업창에 새로 추가된 스타일 이름이 표시되면 스타일을 적용할 단락에 커서를 이동한 후 추가된 스타일 이름을 클릭하여 스타일을 적용한다.

이미 작성한 스타일의 글꼴 서식이나 단락 서식을 수정하여 한 번에 변경할 수 있다.

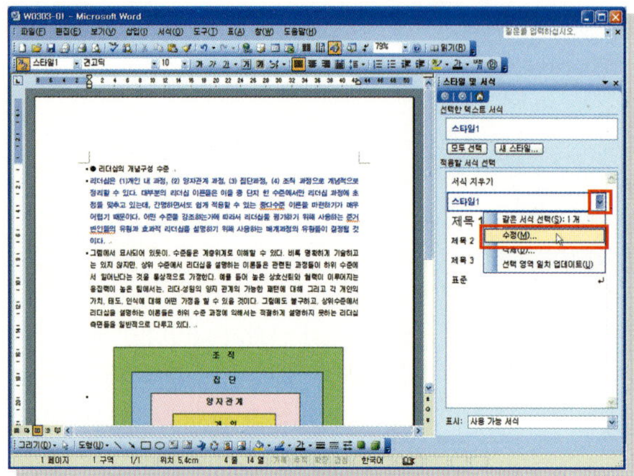

01 수정할 스타일의 화살표를 클릭한 후 [수정] 메뉴를 선택한다.

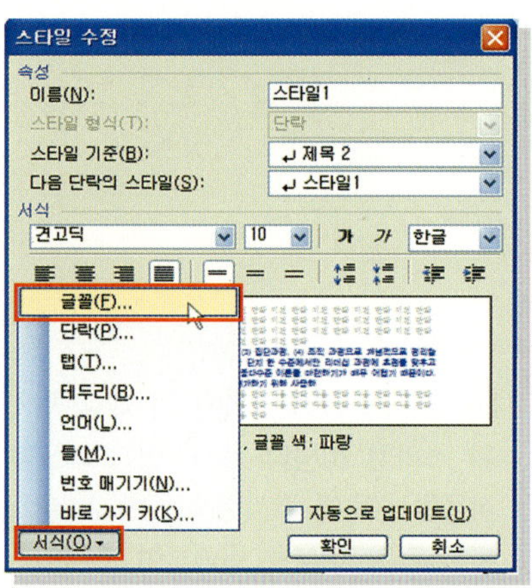

02 [스타일 수정] 대화 상자에서 [서식] 단추를 클릭한 후 [글꼴] 명령을 선택한다.

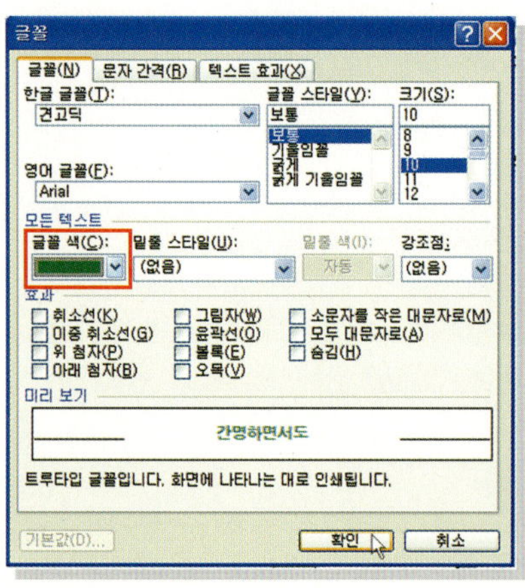

03 [글꼴] 대화 상자에서 글꼴 색을 '녹색' 으로 변경한 후 [확인] 단추를 클릭하고 다시 [스타일 수정] 대화 상자에서 [확인] 단추를 클릭한다.

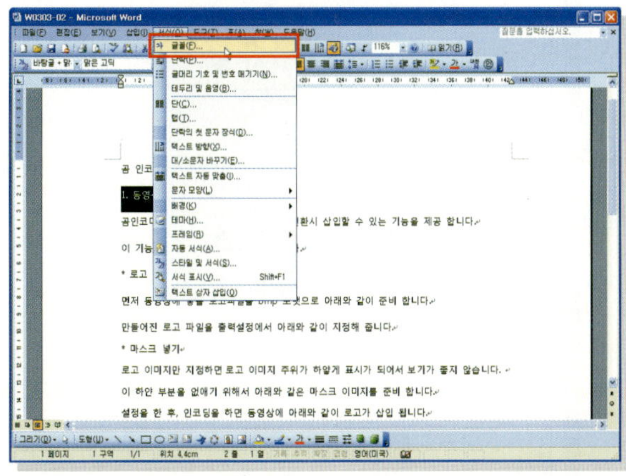

04 서식 복사

서식 복사는 글꼴이나 글자의 크기, 여백 등의 글자 서식 등을 다른 곳에 있는 글자에도 똑같은 서식을 적용하기 위하여 서식만을 복사하는 기능을 말한다.

01 원본 서식을 만들기 위하여 2행을 선택하고 [서식]-[글꼴] 메뉴를 선택한다.

〈시작 예제〉 C:\Wordprocess\Chapter03\W0303-02.doc

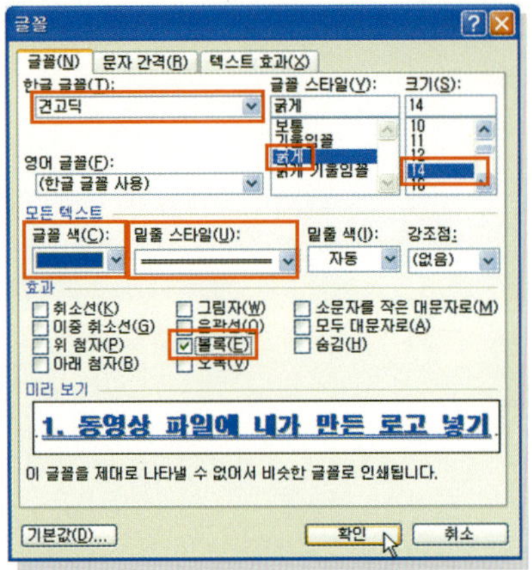

02 [글꼴] 대화 상자에서 한글 글꼴은 '견고딕', 글꼴 스타일은 '굵게', 크기는 '14', 글꼴 색은 '파랑', 밑줄 스타일은 '이중 실선', 효과는 '볼록'을 선택한 후 [확인] 단추를 클릭한다.

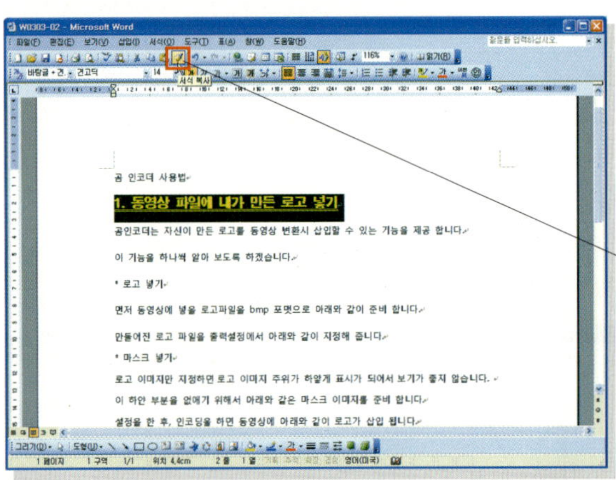

03 서식이 적용된 2행의 내용을 범위 지정한 후 표준 도구 모음의 [서식 복사] 아이콘(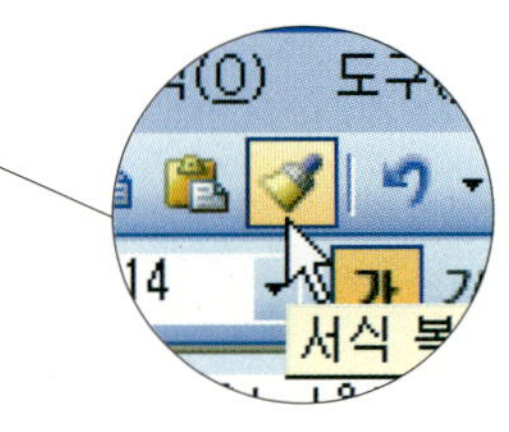)을 클릭한다.

04 마우스 포인터가 📍 모양으로 되면 서식을 적용하고자 하는 소제목 부분을 드래그한다.

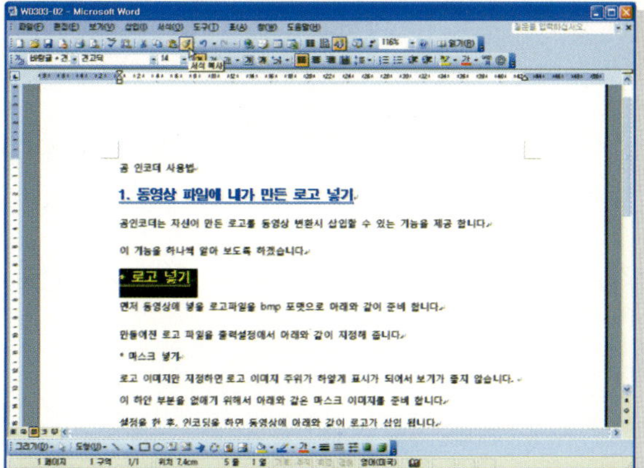

05 똑같은 서식이 적용된 것을 확인할 수 있다.

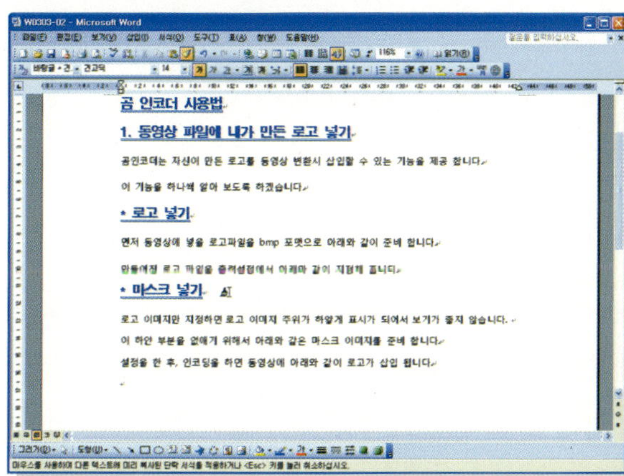

06 같은 서식을 여러 군데 적용해야 한다면 서식의 원본 부분인 제목을 범위 지정하여 [서식 복사] 아이콘( )을 더블 클릭한다. 적용하고자 하는 소제목에 연속하여 드래그하여 서식을 복사한다. 더 이상 복사할 곳이 없을 경우에는 〈Esc〉 키를 누르면 해제된다.

편지 병합은 같은 내용을 여러 사람에게 대량으로 발송해야 하는 편지의 봉투, 메시지, 카탈로그 등에 받을 사람, 주소 등만 별도로 삽입할 수 있도록 하는 기능이다. 워드에서 제공하는 편지 병합 마법사 기능을 이용하면 양식 편지, 메일 레이블, 봉투, 카탈로그 등을 쉽게 만들 수 있다.

> **학습 목표**
> • 편지를 병합하는 방법을 알 수 있다.
> • 엑셀 주소록 문서를 불러와 사용할 수 있다.
> • 필드를 수정하여 사용하거나 추가 할 수 있다.

01 편지 병합

주소록에 입력된 수 많은 사람들에게 우편물을 보내기 위해서는 주소록과 동일한 내용의 주 문서가 필요하다. 주소 데이터 목록과 주 문서를 병합하기 위해 편집 병합 마법사의 6단계를 진행한다.

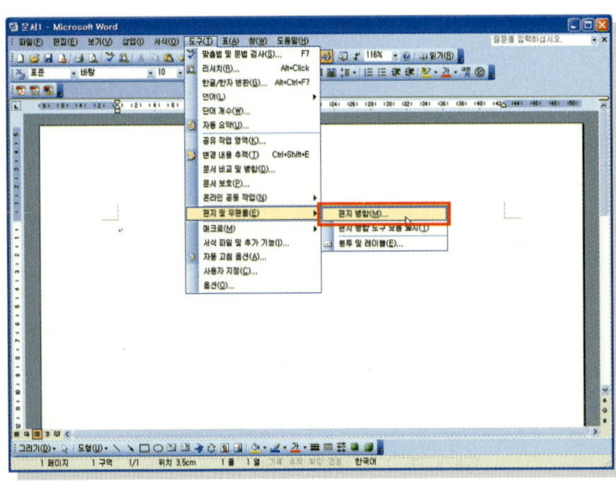

01 편지로 사용할 빈 새 문서를 연 후 [도구]-[편지 및 우편물]-[편지 병합] 메뉴를 선택한다.

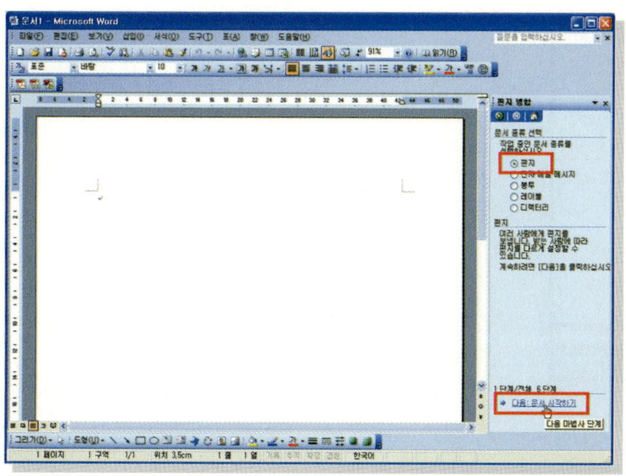

02 편지 병합 작업창이 나타나면 문서 종류를 '편지'로 선택한 후 '다음: 문서 시작하기'를 클릭한다.

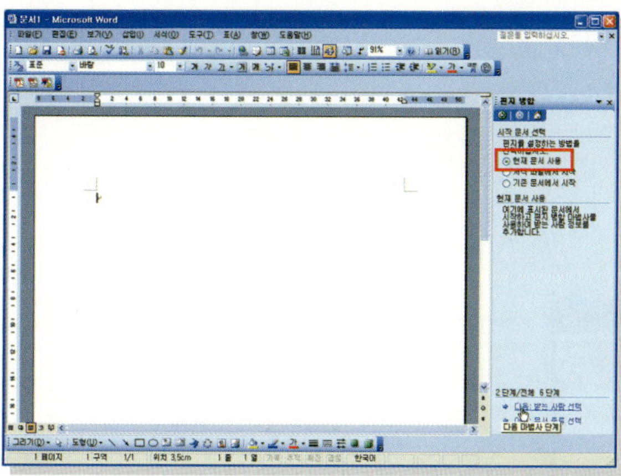

03 시작 문서를 '현재 문서 사용'으로 선택하고 '다음: 받는 사람 선택'을 클릭한다.

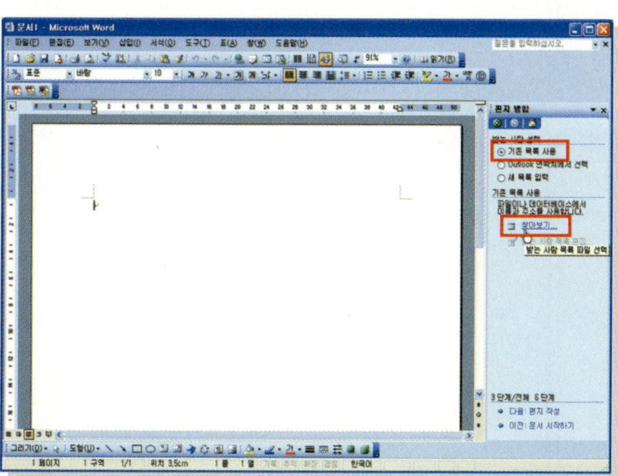

04 받는 사람을 '기존 목록 사용'으로 선택하고 '찾아보기'를 클릭한다.

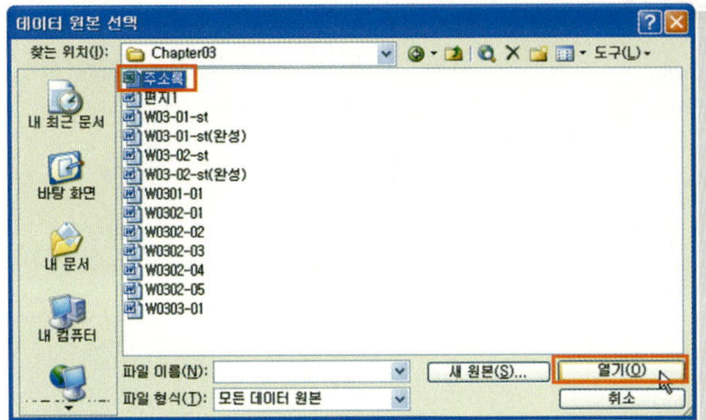

05 [데이터 원본 선택] 대화 상자가 나타나면 주소로 사용할 엑셀 주소록 파일을 선택하고 [열기] 단추를 클릭한다.

〈시작 예제〉 C:\Wordprocess\Chapter03\주소록.xls

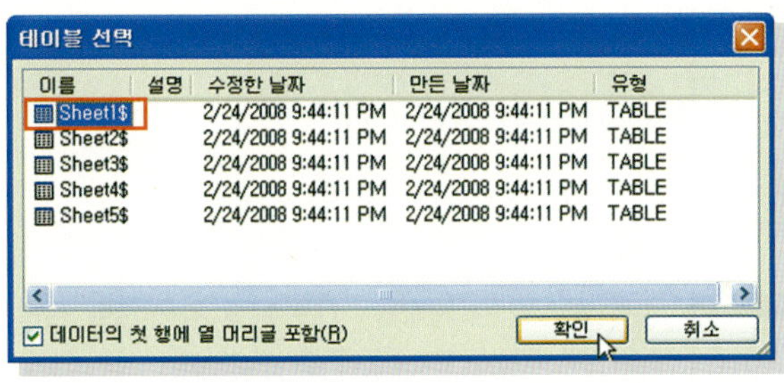

06 셀 파일로 된 주소록에서 주소의 내용이 입력된 'Sheet1'을 선택한 후 [확인] 단추를 클릭한다.

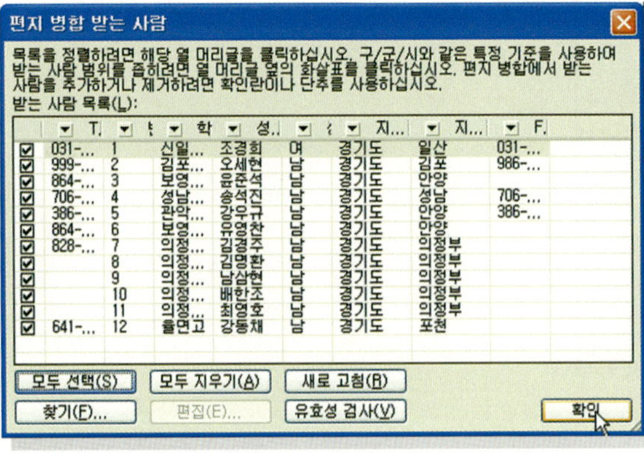

07 [편지 병합 받는 사람] 대화 상자에 선택한 주소록의 내용이 나타나면 [확인]을 클릭한다. DM 발송에서 제외할 주소록이 있다면 왼쪽의 체크를 해제한다.

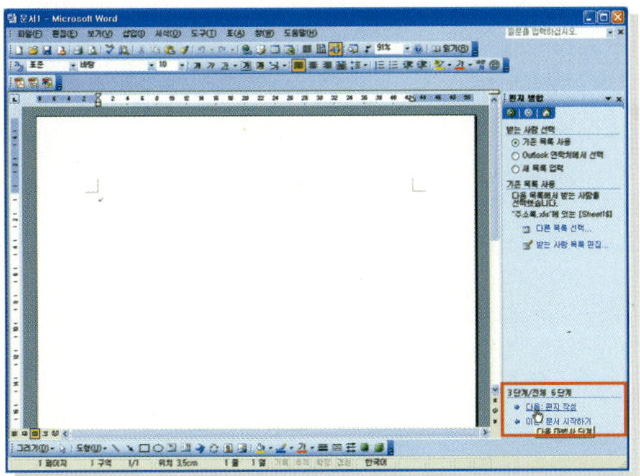

08 작업창에서 '다음: 편지 작성'을 클릭한다.

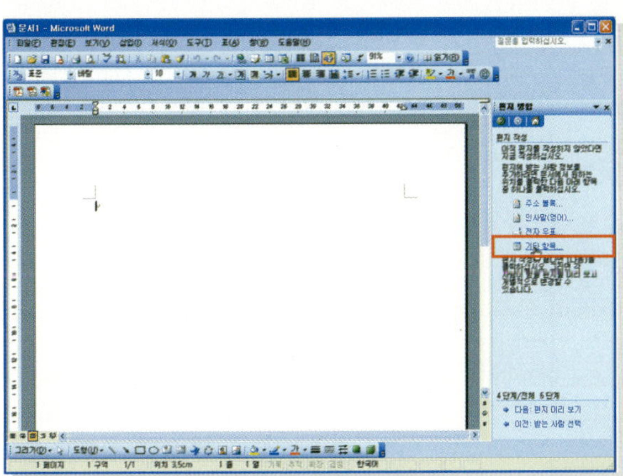

09 주소록에서 어떤 내용이 편지의 어떤 부분에 삽입될 것인지를 지정하기 위해서 작업창에서 '기타 항목'을 클릭한다.

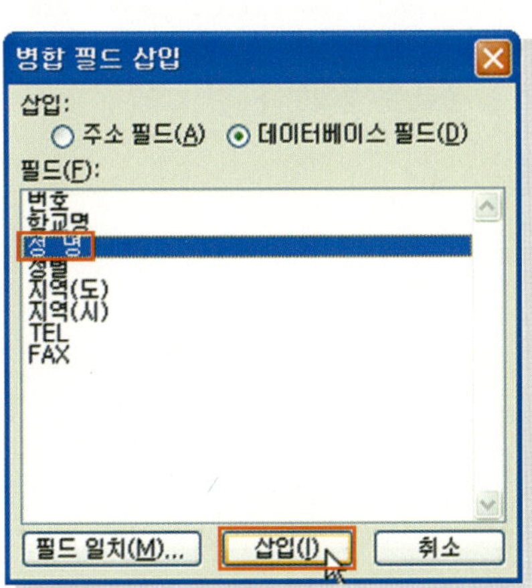

10 [병합 필드 삽입] 대화 상자가 나타나면 필드 목록에서 '성 명'을 선택하고 [삽입] 단추를 클릭한다.

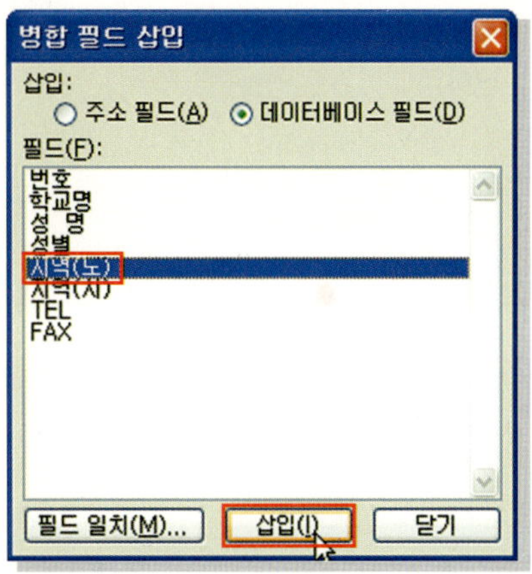

11 필드를 더 삽입하기 위하여 '기타 항목' 을 클릭하여 [병합 필드 삽입] 대화 상자 가 나타나면 필드 목록에서 '지역(도)'을 선택하고 [삽입]을 클릭한다. 이와 같은 방법으로 삽입하고자 하는 필드를 모두 선택한 후 [닫기] 단추를 클릭한다.

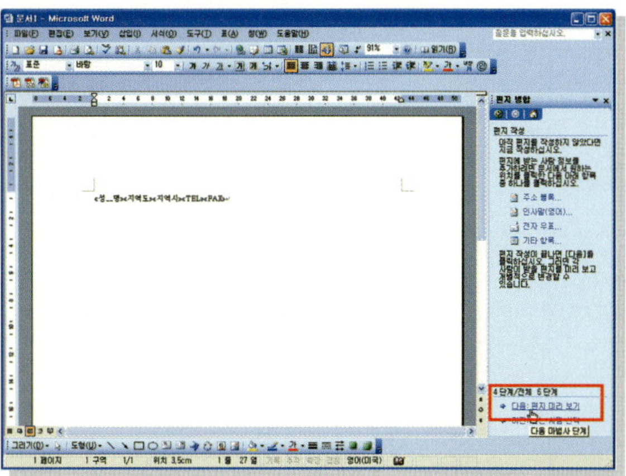

12 작업창에서 '다음: 편지 미리 보기'를 클릭한다. 지금까지 설정한 대로 편지에 주소록에 있는 해당 필드의 내용을 미리 볼 수 있다.

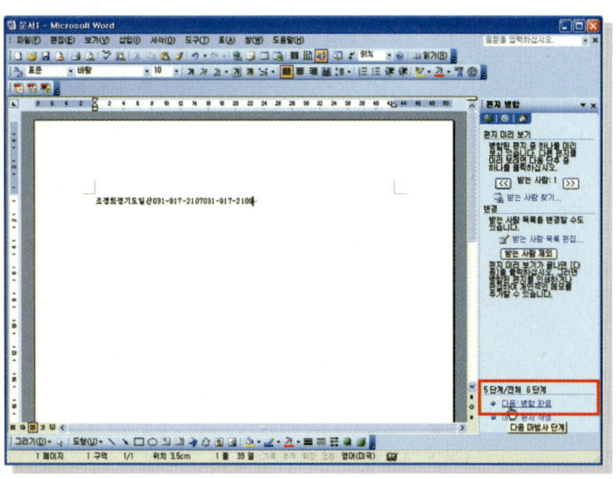

13 내용을 확인한 후 작업창에서 '다음: 병 합 완료'를 클릭한다.

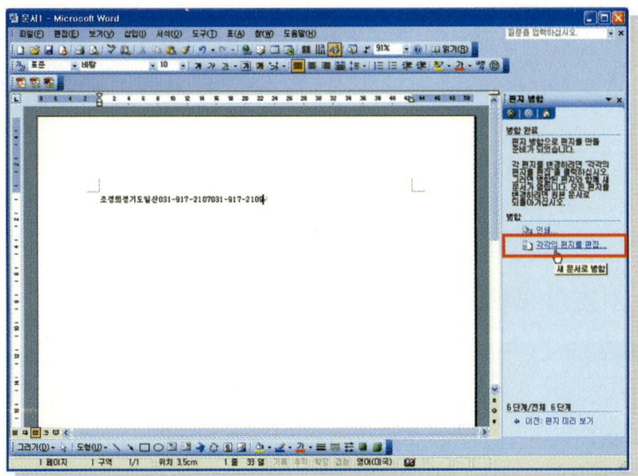

14 편지 내용을 각각의 편지에 삽입하기 위해 '각각의 편지를 편집'을 클릭한다. '인쇄'를 클릭하면 프린터로 병합된 내용이 항목 수 만큼 출력된다.

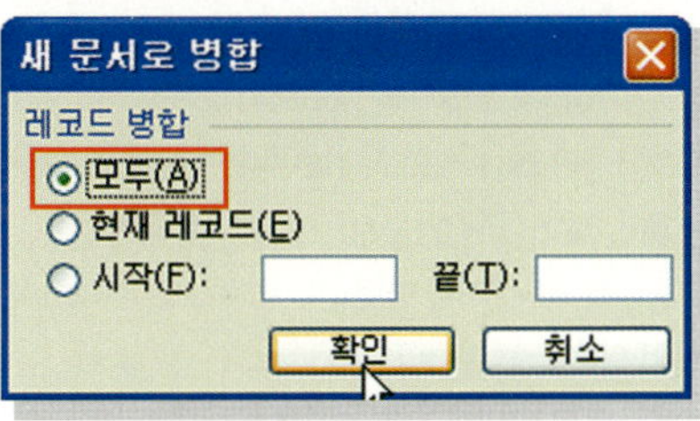

15 [새 문서로 병합] 대화 상자가 나타나면 '모두'를 선택하고 [확인] 단추를 클릭한다.

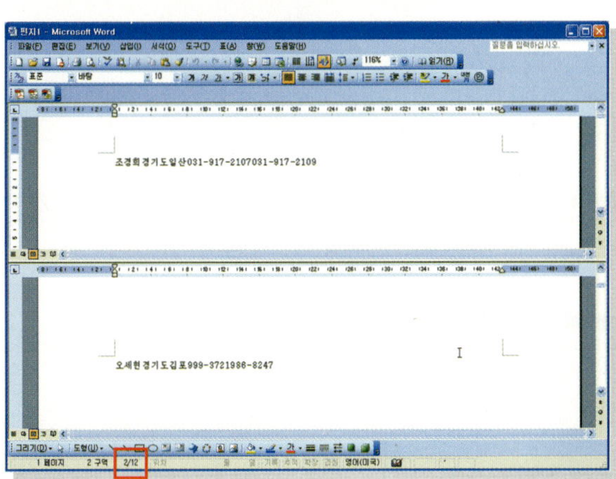

16 주소록의 항목 수에 맞게 페이지 수가 새 문서에 나타난다.

Task 1

‘W03-01-st.doc’ 파일을 열고 글머리 기호를 하트 모양으로 적용하시오.

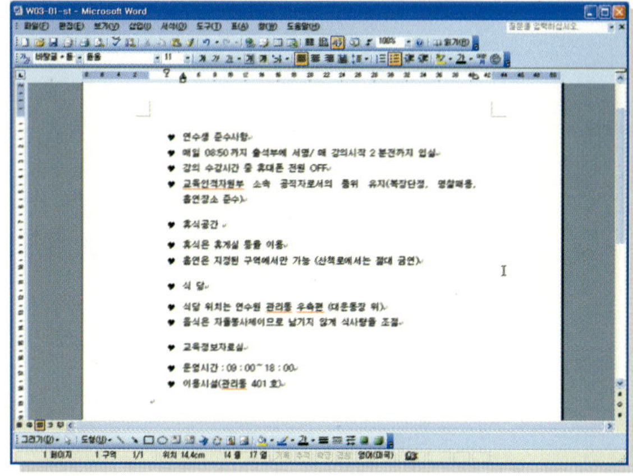

〈시작 예제〉 C:\Wordprocess\Chapter03\W03-01-st.doc

1. [파일]–[열기]를 선택하여 'W03-01-st.doc' 파일을 연다.
2. 내용을 전체적으로 범위 지정한 후 블록 설정된 곳에서 마우스 오른쪽 단추를 클릭하여 [글머리 기호 및 번호 매기기]를 선택한다.
3. [글머리 기호 및 번호 매기기] 대화 상자에서 [사용자 지정] 단추를 클릭한 후 [글머리 기호 목록 사용자 지정] 대화 상자의 [문자] 단추를 클릭한다.
4. '하트' 모양의 문자를 찾은 후 마우스로 선택하여 [확인] 단추를 클릭한다.

Task 2

‘W03-02-st.doc’ 파일을 열고 첫 번째 단락인 ‘연수생 ~ 흡연 장소 준수’ 부분을 범위 지정한 후 임의의 단락 테두리를 적용하시오.

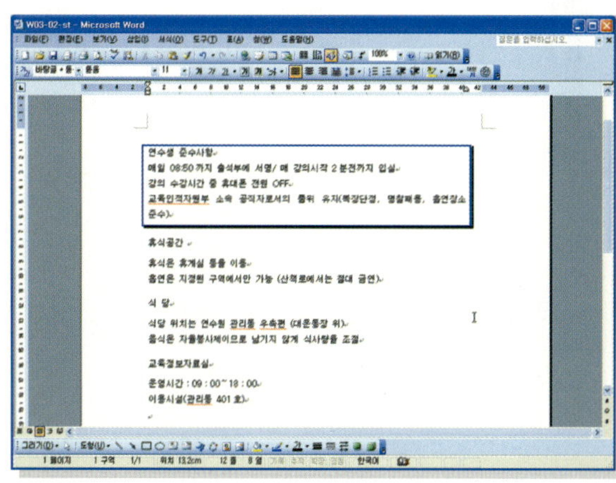

〈시작 예제〉 C:\Wordprocess\Chapter03\W03-02-st.doc

1. [파일]–[열기]를 선택하여 ‘W03-02-st.doc’ 파일을 연다.
2. 단락을 드래그하여 선택한 후 [서식]–[테두리 및 음영]을 선택한다.
3. [테두리 및 음영] 대화 상자의 [테두리] 탭을 선택한 후 스타일, 색, 두께를 선택한다.
4. [확인] 단추를 클릭하면 블록 설정한 단락에 테두리 처리가 된 것을 볼 수 있다.

Chapter
04
개체 삽입

개체 삽입

>>> 숫자 데이터를 이용한 정보를 나타낼 때 무작위로 입력하는 것보다는 표를 이용하여 구성하면 아주 효과적으로 정리 할 수 있습니다. 작성된 표는 문서의 구성을 간단 명료하게 정리할 것이고 데이터에 대한 신뢰성을 높일 수 있습니다.

문서를 편집할 때 자주 사용하는 요소 중의 하나가 표이다. 표를 이용하면 통계 자료나 비교 결과 등을 문서에 작성할 때는 훨씬 깔끔한 문서를 만들 수 있다. 표를 만들어 보기 좋게 서식을 적용하고 여러 가지 방법으로 편집해보자.

학습 목표

- 문서에 새로운 표를 작성할 수 있다.
- 행과 열 삽입, 데이터의 입력을 통해 표에 내용을 정리할 수 있다.
- 셀의 병합 및 분할을 이용하여 셀을 자유 자재로 구성할 수 있다.

01 새 표 작성

표는 내용을 일목요연하게 정리하는데 사용이 되는 것으로 표를 만드는 방법은 도구 모음이나 메뉴를 이용하여 만드는 방법이 있다.

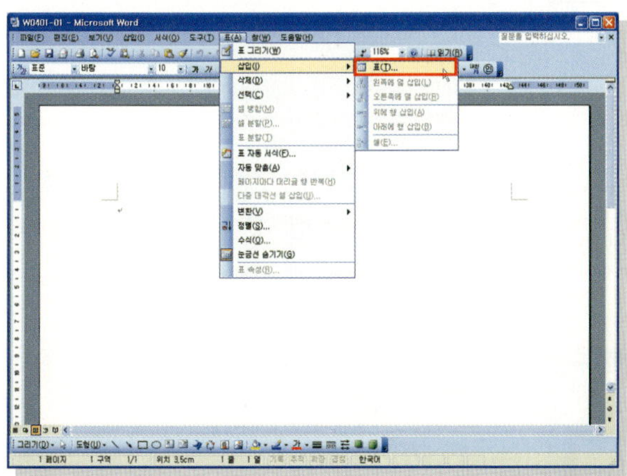

01 ① [표] 메뉴의 [삽입]-[표]를 선택한다. 또는 ② 표준 도구 모음의 [표 삽입] 아이콘( ) 을 클릭하여 원하는 크기의 표 범위를 지정한다.

〈시작 예제〉 C:\Wordprocess\Chapter04\W0401-01.doc

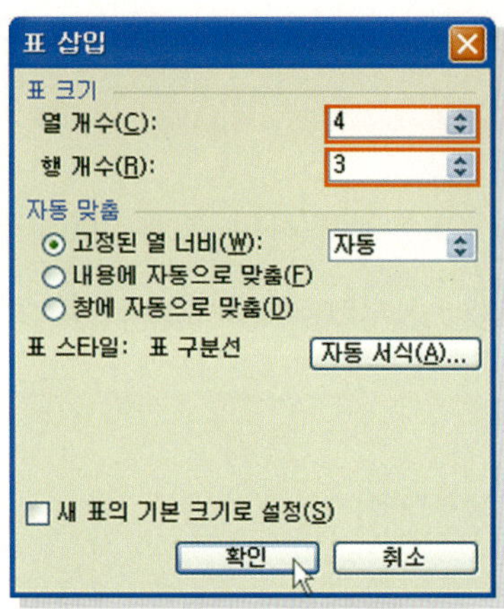

02 [표 삽입] 대화 상자에서 [열 개수]에는 '4'를, [행 개수]에는 '3'을 지정하고 [확인] 단추를 클릭한다.

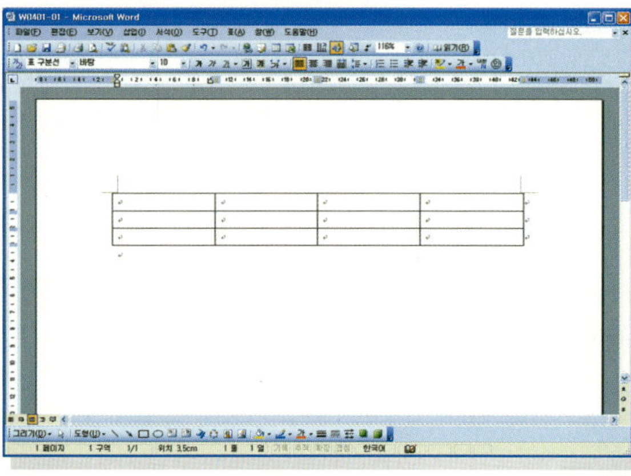

03 3행 4열 표가 삽입된 것을 확인할 수 있다.

02 데이터 입력 및 편집

작성된 표의 각각의 셀에 데이터를 입력하고 데이터를 추가해야 할 경우에 새 행이나 열을 삽입할 수 있다.

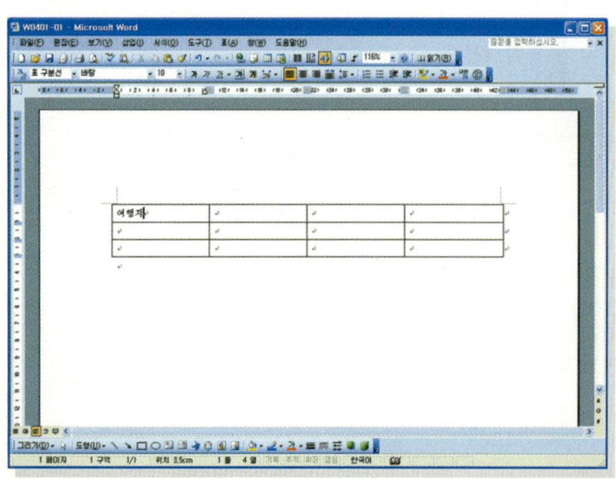

01 첫 번째 셀을 클릭하고 '여행지'라고 입력한다.

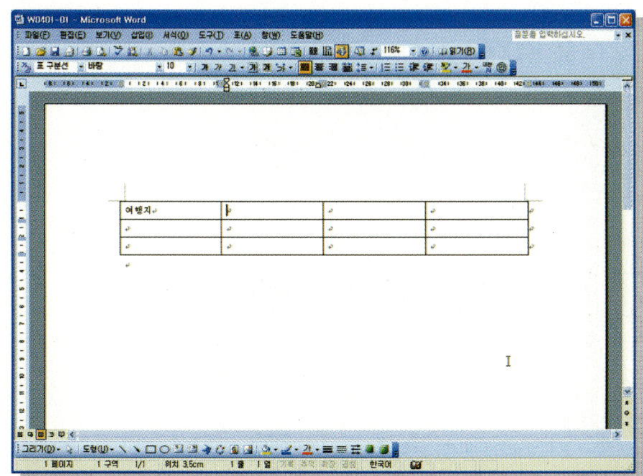

02 〈Tab〉 키를 누르면 커서가 다음 셀로 이동한다.

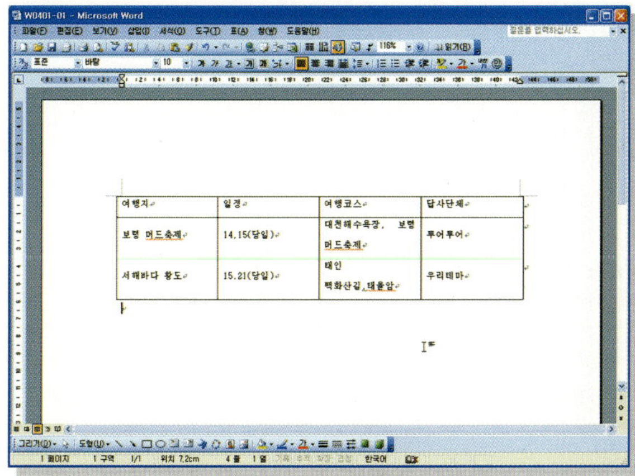

03 위의 방법을 이용하여 다음의 내용을 각각의 셀에 입력한다.

여행지	일정	여행코스	답사단체
보령 머드축제	14,15(당일)	대천해수욕장, 보령 머드축제	투어투어
서해바다 황도	15,21(당일)	태인 백화산길, 태을암	우리테마

 **행/열 크기 변경**

행의 높이를 변경하려면 경계선 위로 마우스 포인터를 가져가 상하 화살표 모양으로 변경되면 위쪽이나 아래쪽으로 드래그 한다. 열 너비도 마찬가지로 경계선을 좌우로 드래그한다.

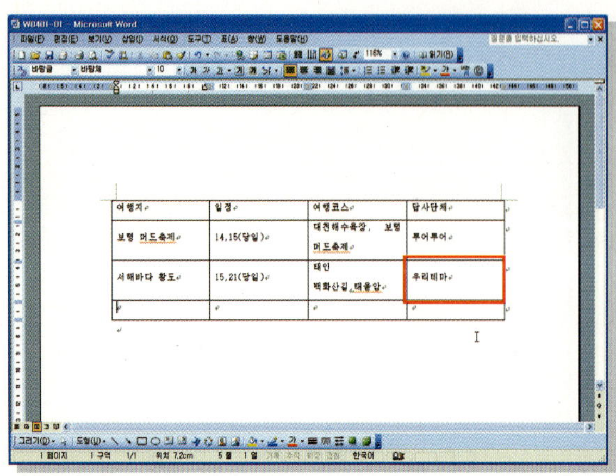

04 추가할 내용이 더 있는 경우에는 마지막 셀에서 〈Tab〉 키를 누르면 새로운 행이 삽입된다.

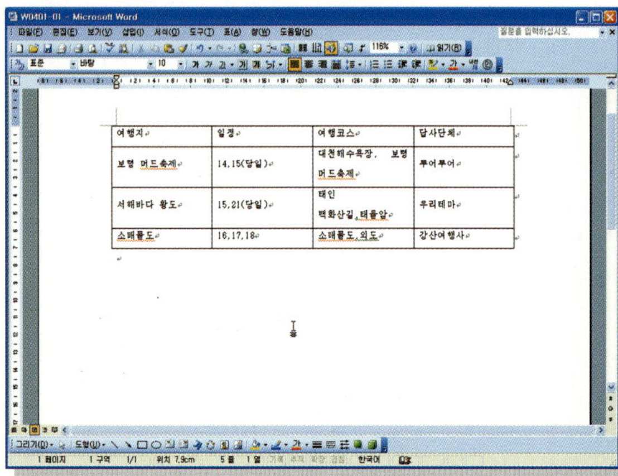

05 삽입된 행에 다음의 내용을 입력한다.

| 소매물도 | 16,17,18 | 소매물도, 외도 | 강산여행사 |

tip 셀에서 사용 되는 단축키

Shift+Tab : 현재 셀에서 이전 셀로 이동한다.
Ctrl+Tab : 셀 안에 탭을 삽입한다.

03 셀과 표 선택

표나 셀 편집을 위해서는 표나 셀을 선택하는 방법을 알아두어야 한다. 하나의 열이나 행, 또는 하나의 셀을 선택하는 방법을 알아보고 일부분의 셀 범위를 선택하는 방법을 알아보자.

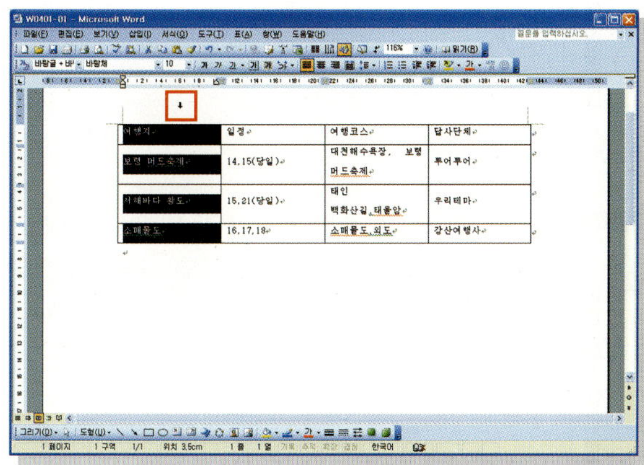

01 첫 번째 열을 선택하기 위해서 표 밖에서 선택하려는 열의 맨 위로 마우스 포인터를 이동하면 포인터 모양(↓)이 변경된다. 이 상태에서 클릭하면 열 단위로 셀이 선택된다.

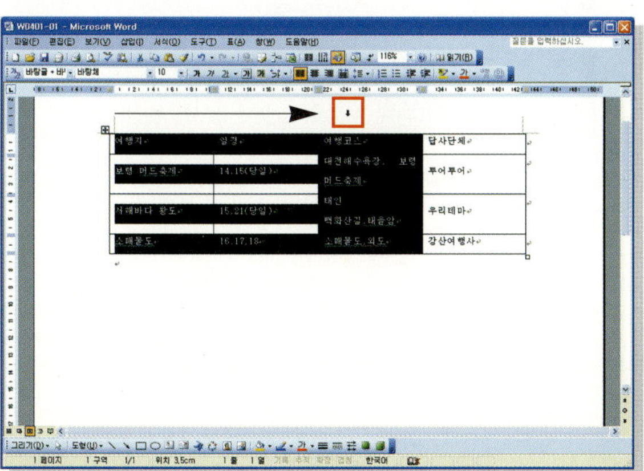

02 여러 열을 선택하고자 한다면 ↓ 모양일 때 드래그한다.

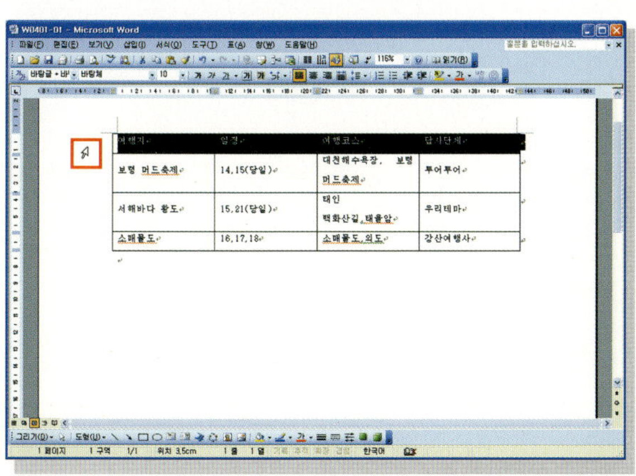

03 행 단위로 셀을 선택하기 위해서는 표 밖에서 선택하려는 행의 왼쪽에 마우스 포인터를 위치시킨 후 클릭한다.

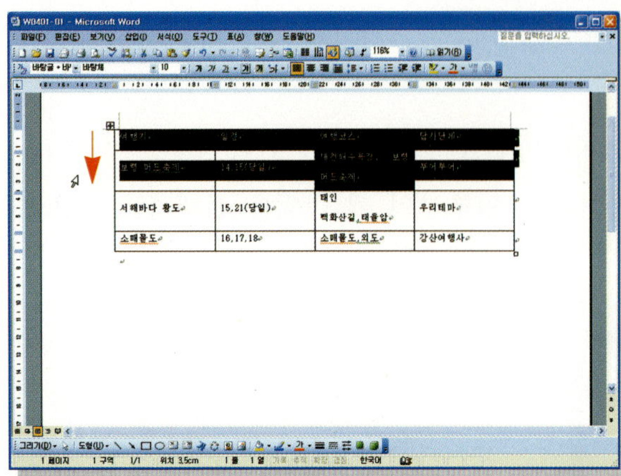

04 여러 행을 선택하고자 한다면 마우스 포인터 모양이 화살표 모양( )으로 변경되면 마우스로 드래그한다.

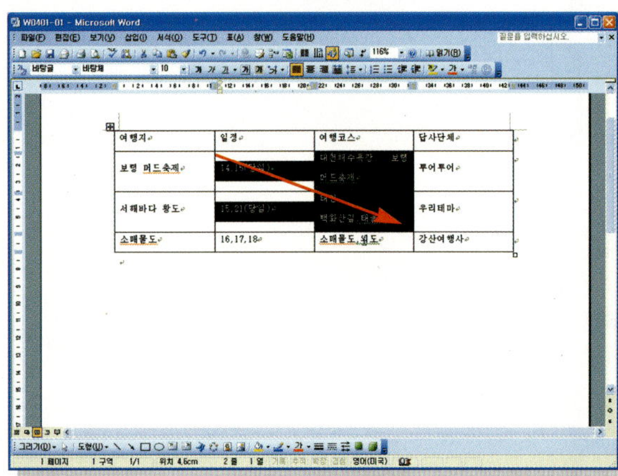

05 특정한 일부분의 셀을 선택하기 위해서는 선택하고자 하는 셀로 마우스 포인터를 이동한다. 선택하고자 하는 셀까지 마우스로 드래그한다.

 **tip** **메뉴로 셀/행/열/표 선택**

선택하려는 셀에 커서를 이동한 후 [표]-[선택] 메뉴로 이동하여 [셀], [행], [열], [표] 중에서 선택한다.

 # 행/열 삽입 및 삭제

작성되어진 표에서 필요한 열이나 행 또는 셀을 삽입할 수 있고, 필요 없는 부분을 삭제할 수 있다.

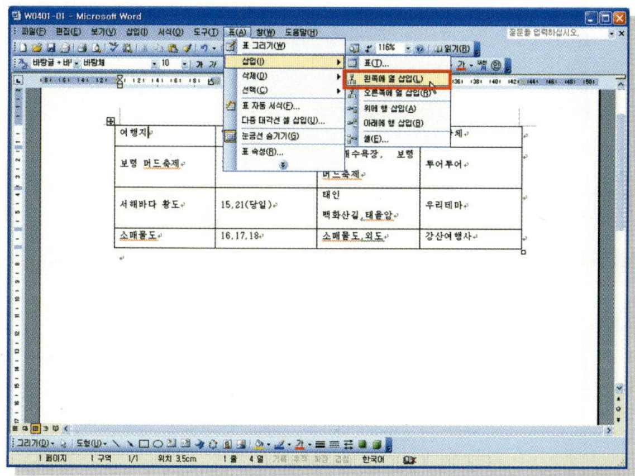

01 삽입하고자 하는 첫 번째 열에 커서를 위치시킨다. [표] 메뉴에서 [삽입]을 선택한 후 [왼쪽에 열 삽입]을 선택한다.

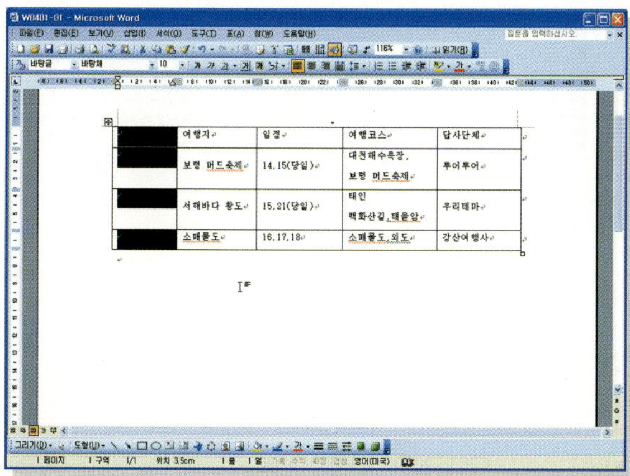

02 커서가 있던 열 왼쪽에 새 열이 삽입되었다.

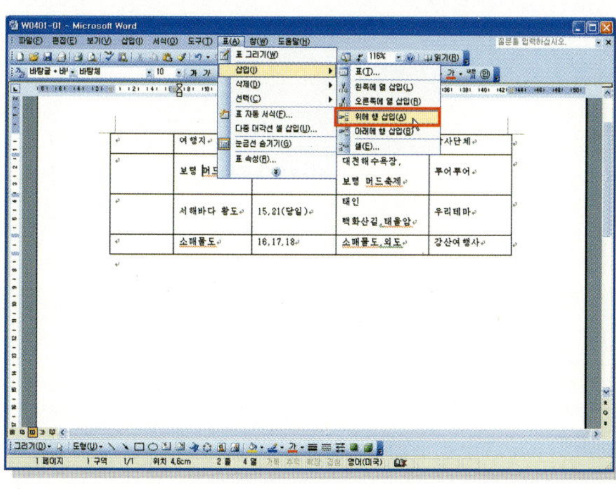

03 행을 삽입하기 위하여 삽입하고자 하는 두 번째 행에 커서를 위치시킨다. [표] 메뉴에서 [삽입]을 선택한 후 [위에 행 삽입]을 선택한다.

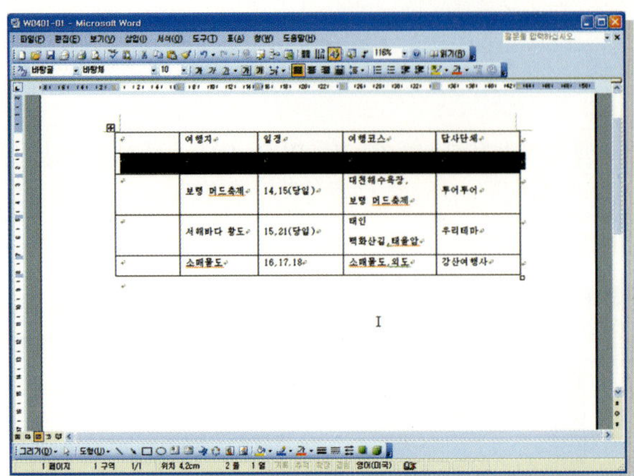

04 새로운 행이 삽입되었다.

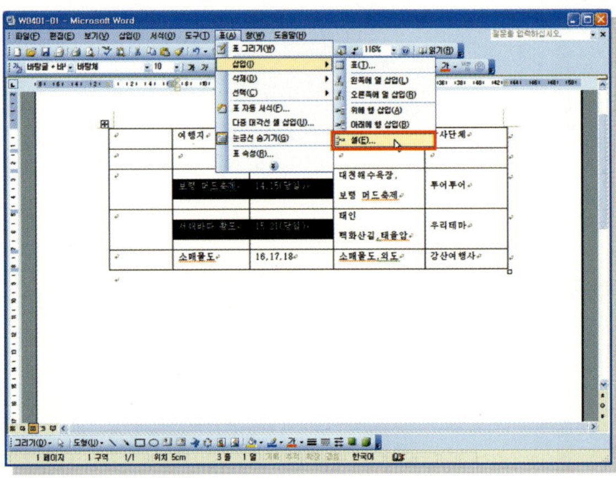

05 다음은 여러 개의 셀을 블록 설정한다.
[표] 메뉴의 [삽입]–[셀]을 선택한다.

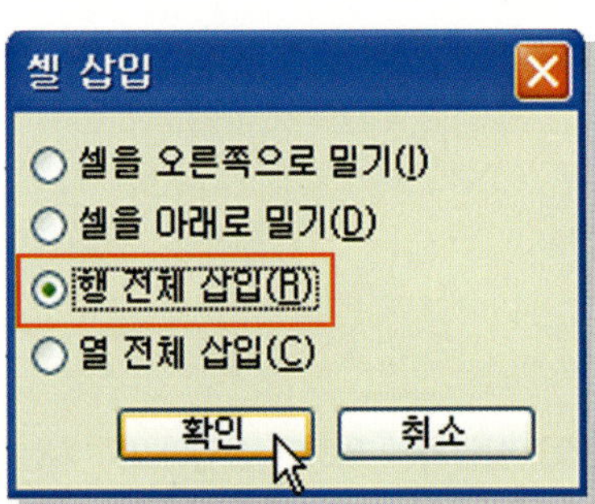

06 [셀 삽입] 대화 상자가 나타나면 '행
전체 삽입'을 선택하고 [확인] 단추를
클릭한다.

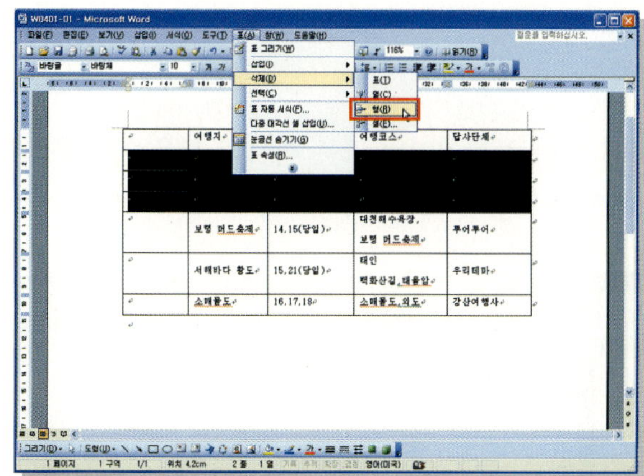

07 두개의 행이 삽입되었다. 삭제하고자 하는 셀에 커서를 넣거나, 여러 개의 행 또는 열을 범위 지정한다. [표] 메뉴의 [삭제]−[행]을 선택하여 삭제한다.

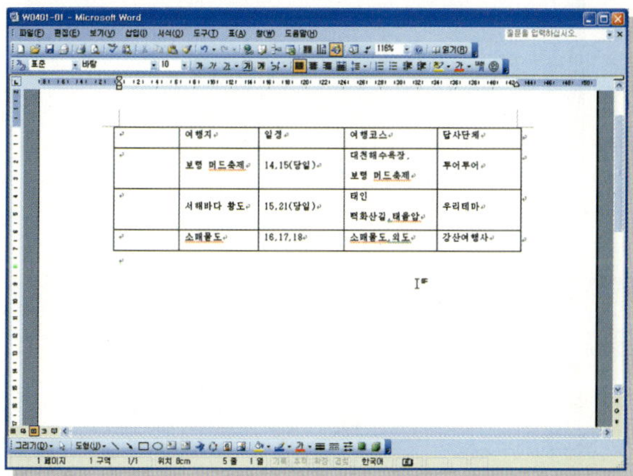

08 행이 삭제되었다.

05 셀 병합 및 분할

여러 행이나 열 또는 여러 셀을 블록 지정하여 하나로 합치거나 또는 하나의 셀을 여러 개의
셀로 나눌 수 있다. 셀을 합치거나 나누어서 복잡한 모양의 표를 만들 수 있다.

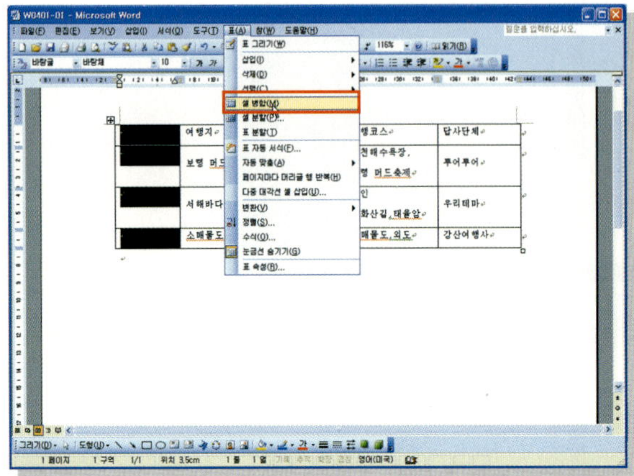

01 셀을 병합하기 위해 병합하고자 하는
셀을 드래그하여 블록으로 설정한다.
[표] 메뉴의 [셀 병합]을 선택한다.

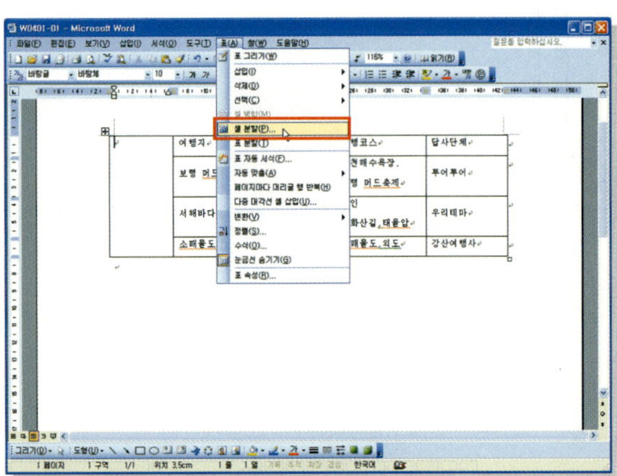

02 블록 설정한 셀들이 하나로 병합되었다.
분할하고자 하는 셀을 블록 설정하거나
커서를 이동한다.
[표] 메뉴의 [셀 분할]을 선택한다.

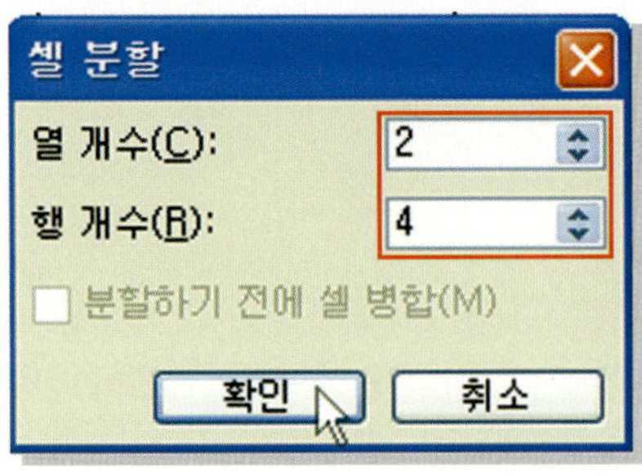

03 [셀 분할] 대화 상자에서 [열 개수]는 '2',
[행 개수]는 '4'를 입력한 후 [확인] 단추
를 클릭한다.

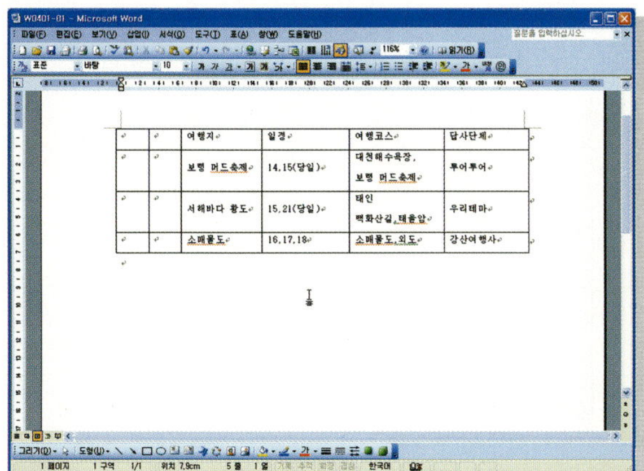

04 셀이 분할된 것을 볼 수 있다.

06 표 삭제

표를 지우는 것은 안의 내용을 지우는 것과 표 전체를 지우는 것으로 구분이 된다. 표 안의 내용을 지울때는 지우고자 하는 일부분의 셀을 블록 설정한 후 〈Delete〉 키를 이용하고 표 전체를 삭제하려면 [표] 메뉴의 [삭제]를 이용한다.

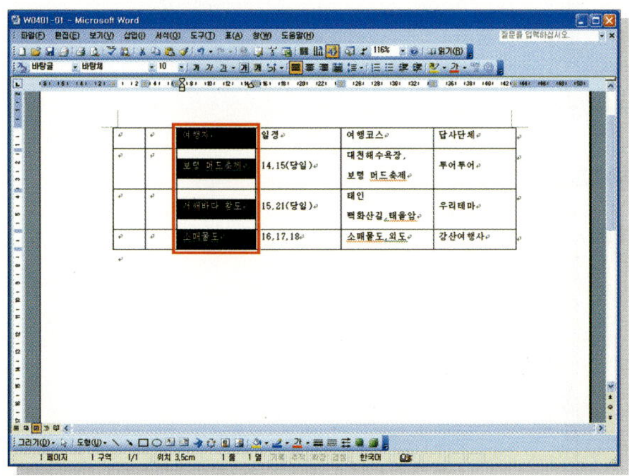

01 표 안의 내용을 지우기 위해 3열의 셀을 범위 지정하고 〈Delete〉 키를 누른다.

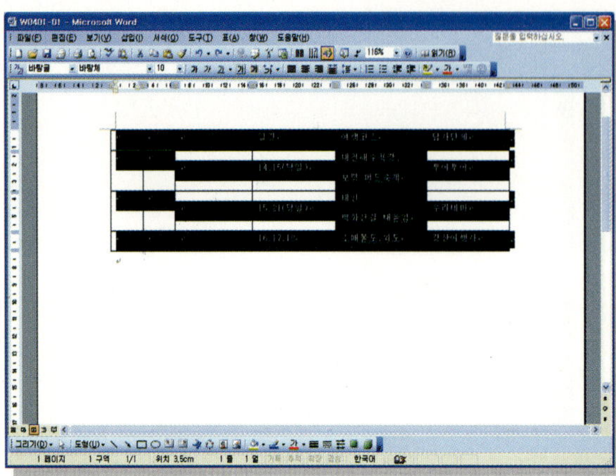

02 셀 내용만 지워졌다. 마우스로 드래그하여 표 전체를 블록으로 설정한다.

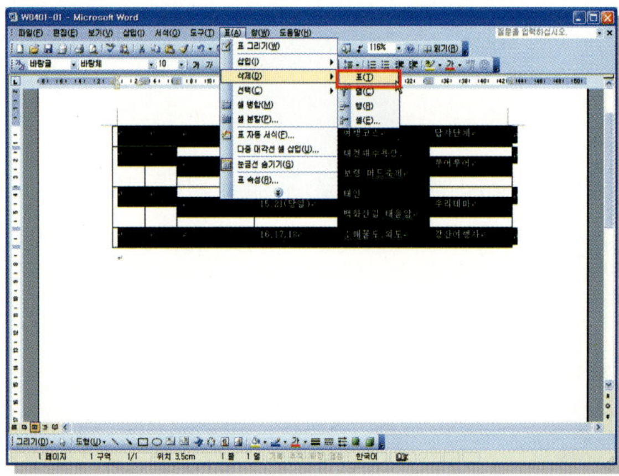

03 표 전체를 삭제하기 위해 [표] 메뉴의 [삭제]의 [표]를 선택한다.

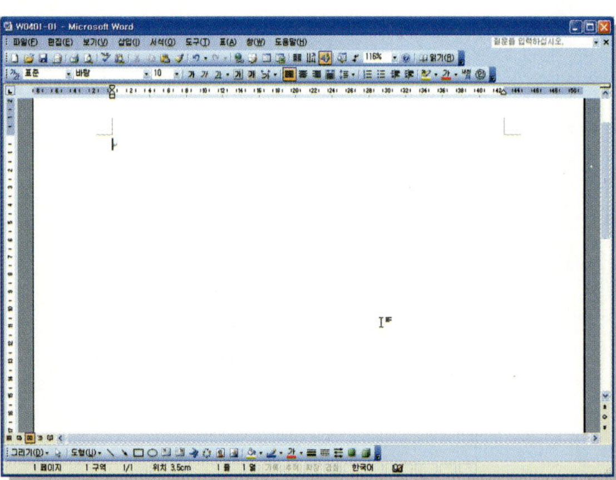

04 표가 삭제된다.

표 및 테두리 도구 모음의 괘선에 관련된 단추를 이용하여 변경할 수 있다. 그리기 도구를 이용할 수 있고, 블록으로 설정한 셀의 세부적인 선의 위치를 이용하여 변경할 수 있다.

학습 목표

- 표의 테두리를 변경하는 방법을 알 수 있다.
- 셀의 음영 색을 적용하는 방법을 알 수 있다.

01 표 테두리 및 음영

문서에 삽입된 표의 테두리와 색상은 사용자가 다양한 색상과 모양으로 선택을 할 수 있다. 표에 음영색을 적용하고 테두리를 설정하는 방법에 대해서 알아보자.

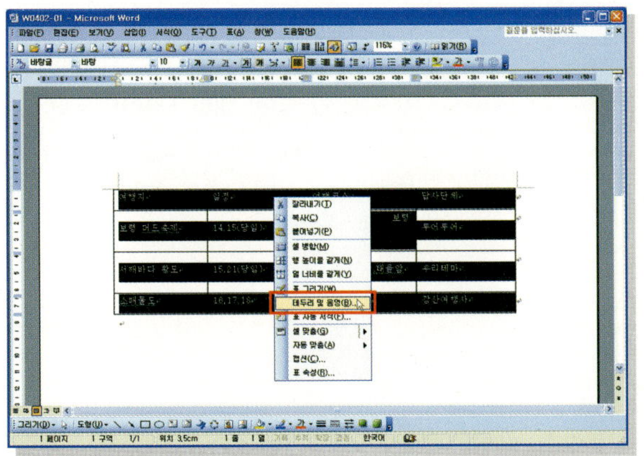

〈시작 예제〉 C:\Wordprocess\Chapter04\W0402-01.doc

01 표의 외곽선 모양을 변경하기 위해 표 전체를 블록으로 선택한다. 마우스 오른쪽 단추를 클릭하여 [테두리 및 음영]을 선택한다.

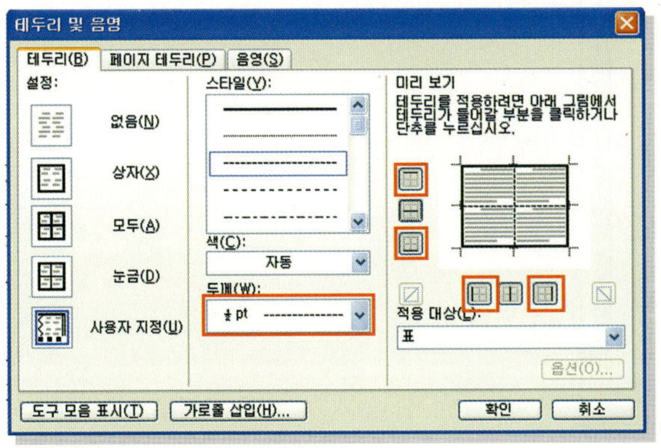

02 선의 스타일을 외곽선과 내부선을 따로따로 지정한다. 우선 외곽선을 지정하기 위해 [테두리 및 음영] 대화 상자에서 설정은 '사용자 지정', 스타일은 '실선', 두께는 '1½pt'를 선택한 후 미리 보기에서 위, 아래, 왼쪽, 오른쪽을 선택하여 선을 적용한다.

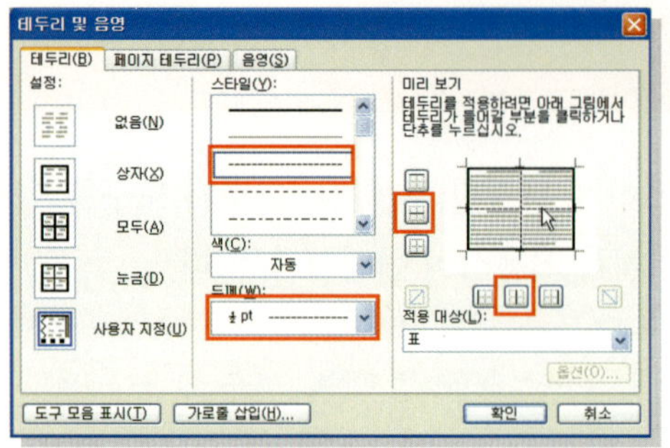

03 내부선을 적용하기 위하여 스타일은 '점선', 두께는 '½pt'를 선택한 후 미리 보기의 안쪽 가로 가운데와 세로 가운데선을 선택하여 선을 적용한 후 [확인] 단추를 클릭한다.

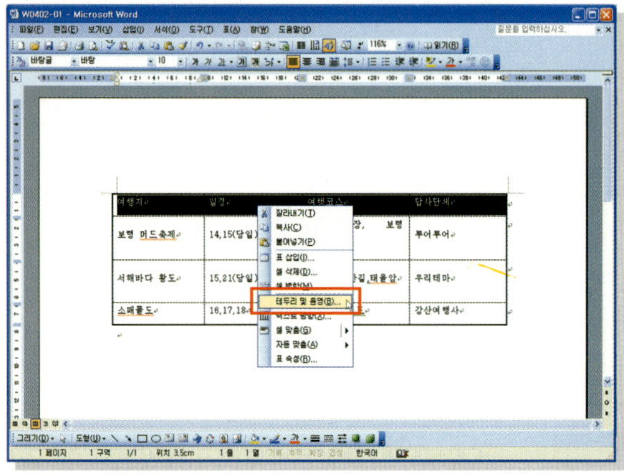

04 외곽선과 내부선의 종류와 두께가 다르게 지정되었다. 셀의 색상을 변경하기 위하여 1행 부분을 블록 지정한다. 마우스 오른쪽 단추를 클릭하여 [테두리 및 음영]을 선택한다.

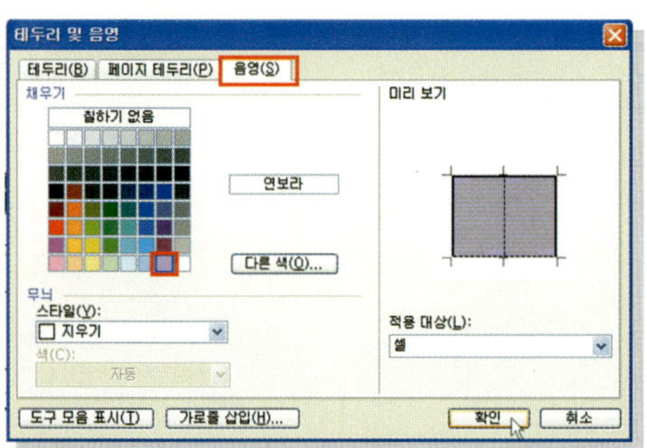

05 [테두리 및 음영] 대화 상자의 [음영] 탭으로 이동하고 채우기 색을 '연보라'를 선택한 후 [확인] 단추를 클릭한다.

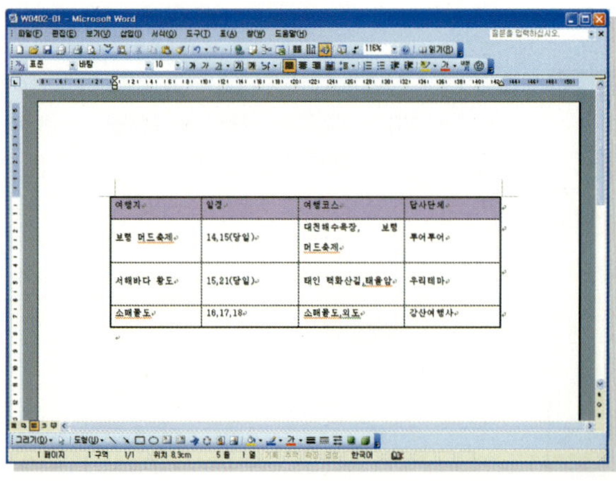

06 셀 음영이 적용된 표의 결과이다.

문서의 내용 전달을 돕기 위해 관련 그림을 삽입하는 것이 가장 효과적인 방법일 것이다. 클립 아트를 이용하여 그림, 소리, 동영상 등을 삽입하여 문서를 한층 더 멋있게 꾸밀 수 있다. 또한 그리기 도구를 이용한 여러 가지 모양의 도형을 이용할 수도 있다.

학습 목표

- 클립 아트 개체를 삽입하는 방법을 알 수 있다.
- 그리기 개체인 도형을 삽입하는 방법을 알 수 있다.
- 그림 개체를 삽입하여 수정하는 방법을 알 수 있다.

01 클립 아트 삽입

워드프로세서에서 편집중인 문서에 클립 아트 기능을 이용하면 다양한 이미지를 삽입할 수 있다. 필요한 이미지를 검색하여 검색된 목록에서 이미지를 삽입할 수 있고 다른 도형처럼 배치 방법이나 크기 등을 조절할 수도 있다.

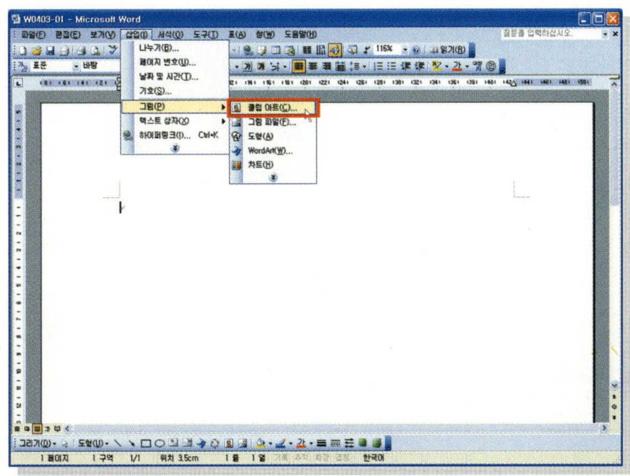

01 [삽입] 메뉴의 [그림]-[클립 아트]를 선택한다.

〈시작 예제〉 C:\Wordprocess\Chapter04\W0403-01.doc

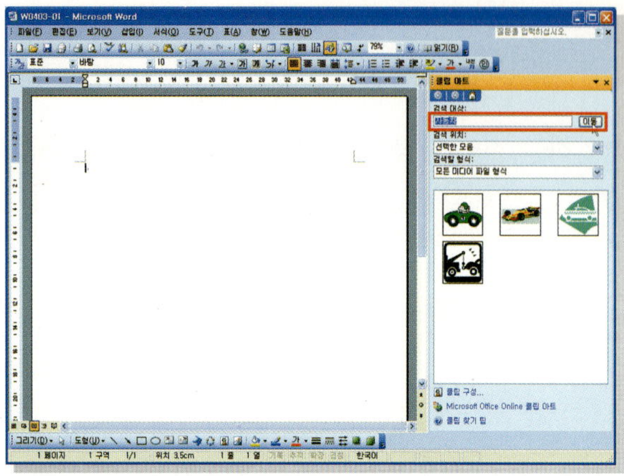

02 오른쪽 [클립 아트] 작업창의 [검색 대상]에 '자동차'를 입력한 후 [이동] 단추를 클릭하여 검색하면 자동차 종류들의 클립 아트들만 나타난다.

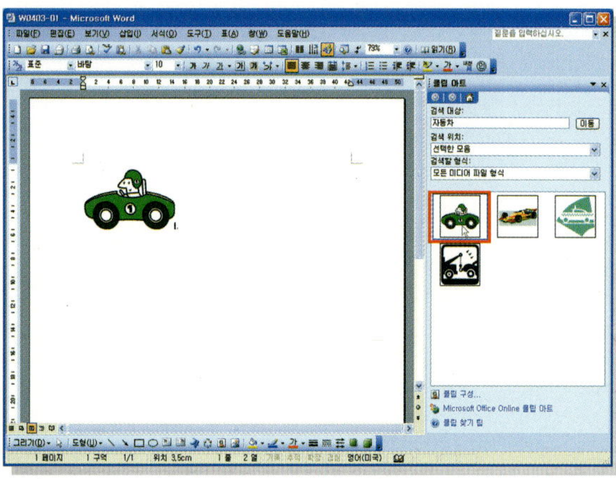

03 마음에 드는 클립 아트를 클릭하면 문서에 선택한 클립 아트가 삽입된다.

02 그리기 개체 삽입

여러 가지 도형을 사용하면 문서의 흐름이나 구조를 쉽게 이해하는데 많은 도움이 된다. 삽입한 도형에는 다양한 서식을 설정할 수 있다.

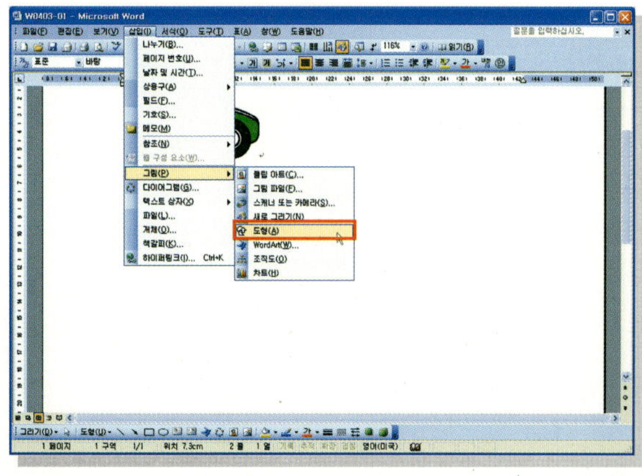

01 [삽입] 메뉴의 [그림]-[도형]을 선택한다.

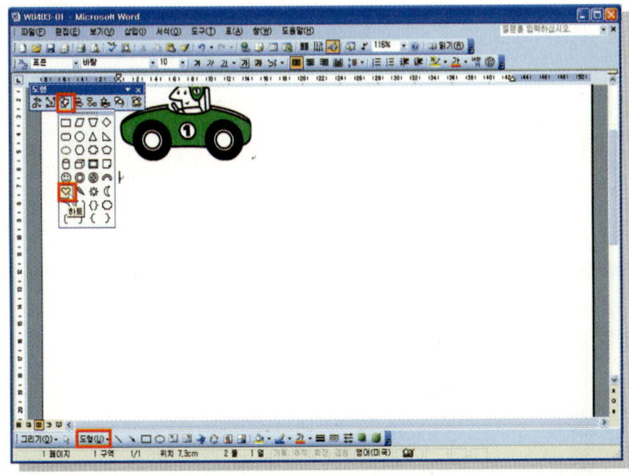

02 도형 도구 모음의 [기본 도형] 아이콘
( ) 을 선택하여 '하트'를 클릭한다.
또는 그리기 도구 모음의 [도형]-[기본
도형]에서 '하트'를 선택해도 된다.

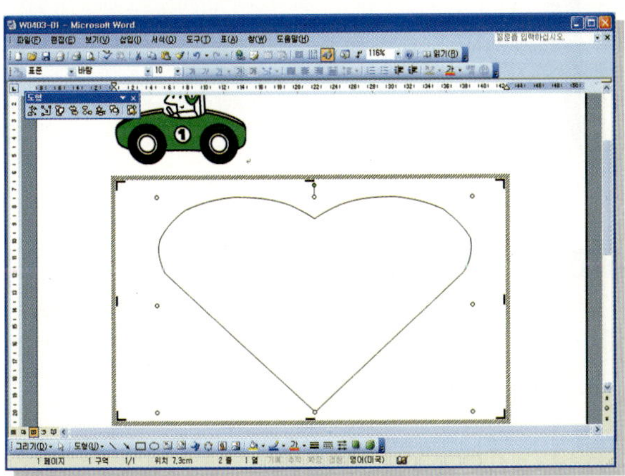

03 도형을 그릴 영역인 그리기 캔버스 위에
서 마우스를 드래그하여 하트 도형을 그
린다. 그리기 캔버스는 도형 개체를 쉽게
편집할 수 있게 도와주는 도화지 역할을
한다.

04 문서의 빈 곳을 클릭하면 하트 도형이
완성된다.

03 그림 삽입

외부에서 만들어진 여러 종류의 다양한 그림 파일을 원하는 위치에 원하는 크기로 문서에 넣어서 편집할 수 있다.

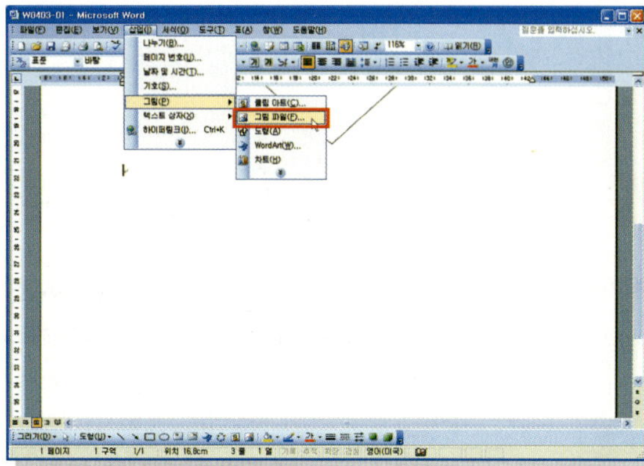

01 [삽입] 메뉴의 [그림]-[그림 파일]을 선택한다.

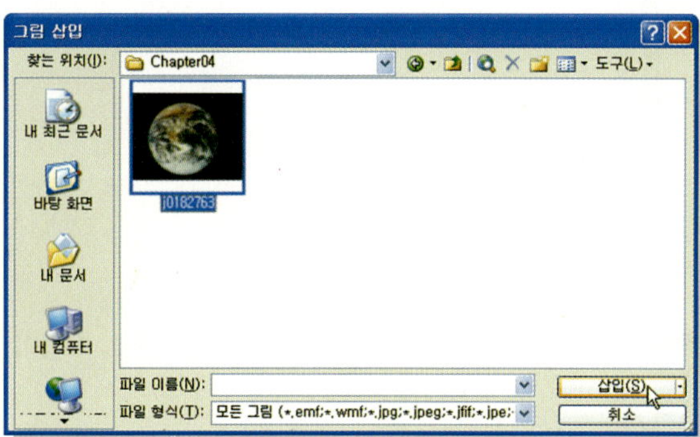

02 [그림 삽입] 대화 상자에서 [찾는 위치]란에 삽입할 그림이 있는 곳을 지정한다. 삽입할 그림을 선택하고 [삽입] 단추를 클릭한다.

〈시작 예제〉 C:\Wordprocess\Chapter04\지구.jpg

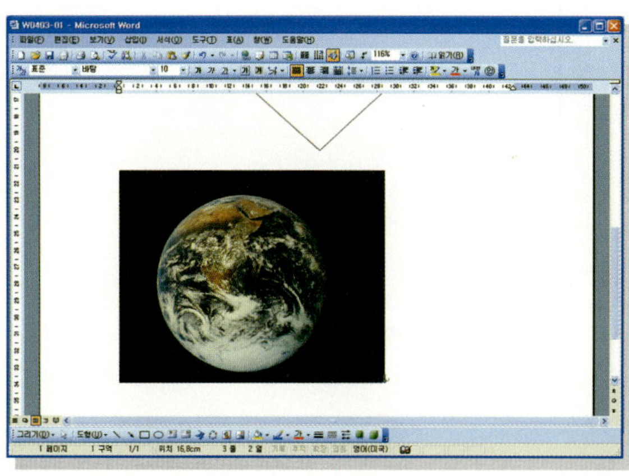

03 문서에 그림이 삽입되었다.

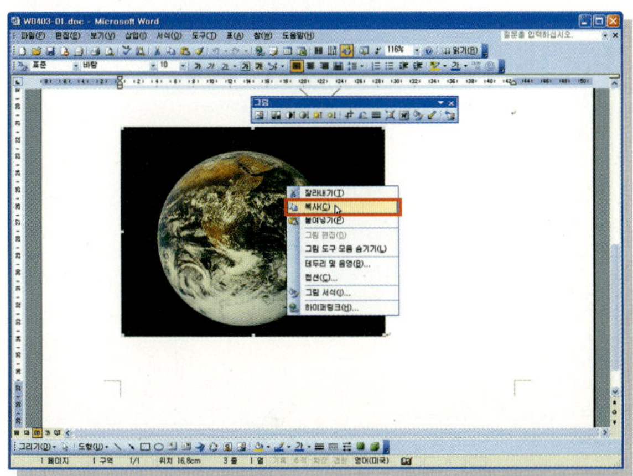

04 그림을 복사하려면 그림 위에서 마우스 오른쪽 단추를 눌러 [복사] 메뉴를 선택한다.

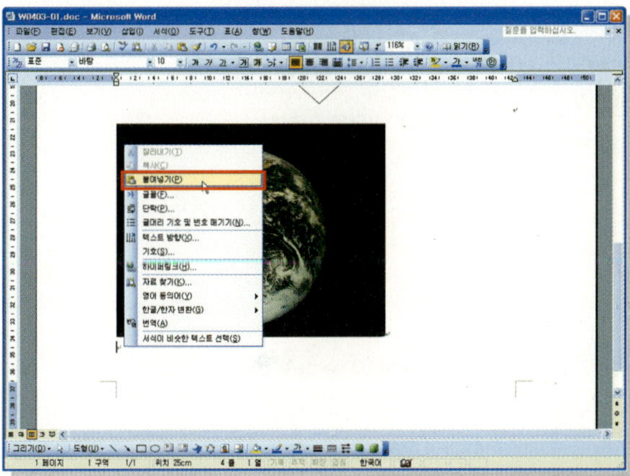

05 다른 곳 위에서 마우스 오른쪽 단추를 눌러 [붙여넣기] 메뉴를 클릭한다.

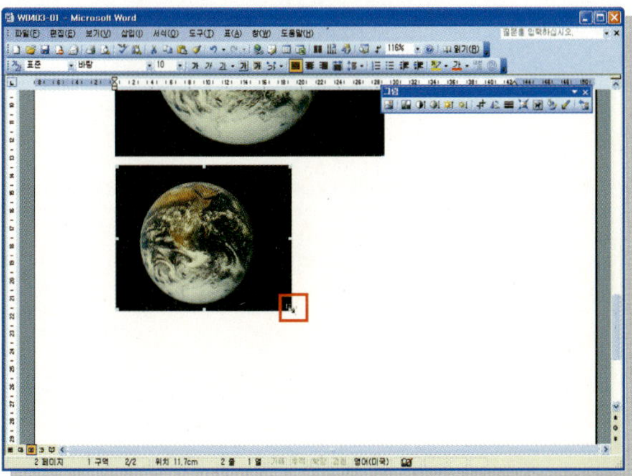

06 선택된 그림의 가장자리에 있는 크기 조절 핸들을 드래그하여 그림의 크기를 변환할 수 있다.

Task1

다음 표의 내용을 새 문서에 작성하시오.

시 설	수량	제공 서비스	비 고
컴퓨터	20대	워드 입력, 인터넷 검색	초고속 통신망 연결
열람실	24석	도서 열람	개가식 운영, 대출은 불가

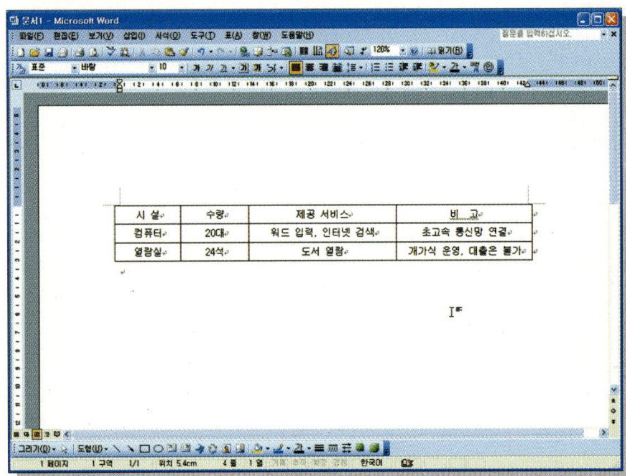

1. 표준 도구 모음의 [표 삽입] 아이콘( )을 클릭하여 '3행 4열' 표를 삽입한다.
2. 각 셀에 내용을 입력한다.

Task2

다음 표의 내용을 새 문서에 작성하시오.

- 표 전체의 내용을 가운데 맞춤으로 설정
- 표의 바깥쪽 테두리를 '1½pt' 굵기의 실선으로 적용
- 1행의 아래쪽 테두리를 이중선으로 적용

기 수	기 간	대 상	인 원
1기(엑셀중급,액세스)	1주	국가 · 지방직 5–9급	45명
2기(파워포인트중급,포토샵)	1주	국가 · 지방직 5–9급	45명

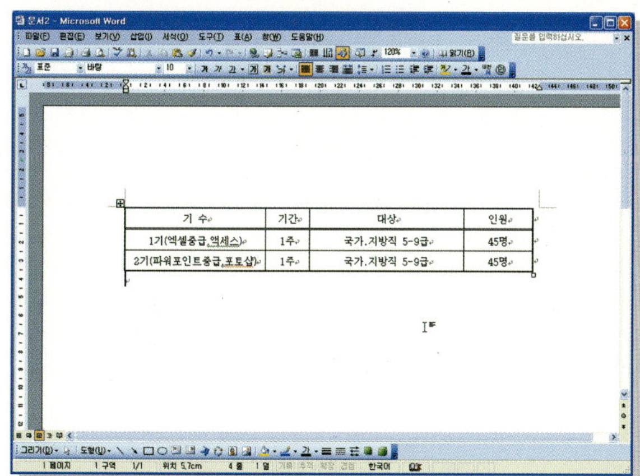

1. 표준 도구 모음의 [표 삽입] 아이콘( )을 클릭하여 '3행 4열' 표를 삽입한다.
2. 각 셀의 내용을 입력한다.
3. 표를 블록 실징하여 표준 도구 모음의 [가운데 맞춤] 아이콘( )을 클릭한다.
4. 표의 외곽선 모양을 변경하기 위해 표 전체를 블록으로 선택한다. 마우스 오른쪽 단추를 클릭하여 [테두리 및 음영]을 선택한다.
5. 설정에서 '사용자 지정'을 선택하고, 두께를 '1½pt'로 선택하고, 미리 보기에서 바깥쪽을 차례로 클릭하여 설정한 후 [확인] 단추를 클릭한다.
6. 첫 행을 선택하고, 마우스 오른쪽 단추를 눌러서 [테두리 및 음영] 메뉴를 클릭한다.
7. 스타일에서 '이중선'을 선택하고, 미리 보기에서 아래쪽을 클릭한 후 [확인] 단추를 클릭한다.

Chapter
05
문서 레이아웃 설정

문서 레이아웃 설정

>>> 페이지 전체에 테두리나 배경 등을 설정함으로써 문서 전체의 모양을 새롭게 꾸밀 수 있다. 테마를 이용하면 여러 가지 서식을 한꺼번에 설정하여 손쉽게 페이지를 꾸밀 수 있다. 문서의 전체적인 모양을 꾸미거나 문서의 내용을 파악할 수 있는 여러 가지 기능을 알아보자.

페이지 꾸미기

페이지 배경은 문서를 더욱 화려하게 배경을 만들기 위해 사용된다. 그러나 기본 보기 및 개요 보기를 제외하고 웹 모양 및 대부분의 기타 보기에서 배경을 표시할 수 있다.

배경으로는 그라데이션, 무늬, 그림, 단색, 질감 등을 사용한다. 그라데이션, 무늬, 그림, 질감은 바둑판식으로 배열되거나 반복되어 페이지를 채운다.

학습 목표

- 페이지에 테두리를 적용할 수 있다.
- 페이지의 배경을 멋지게 꾸밀 수 있다.
- 페이지의 테마를 설정 할 수 있다.

01 페이지 배경 설정

[서식]-[배경] 메뉴를 이용하여 여러 가지 색상 중에서 선택하여 배경을 채울 수 있으며 다양한 형태로 문서의 배경을 바꿀 수 있다. 페이지 배경은 하나의 색상 뿐만 아니라 다양한 요소들로 꾸밀 수 있다. 그라데이션, 질감, 무늬, 그림 등 여러가지 채우기 효과에 의하여 배경을 적용할 수 있다. 페이지의 배경을 단색과 그라데이션으로 설정해 보자.

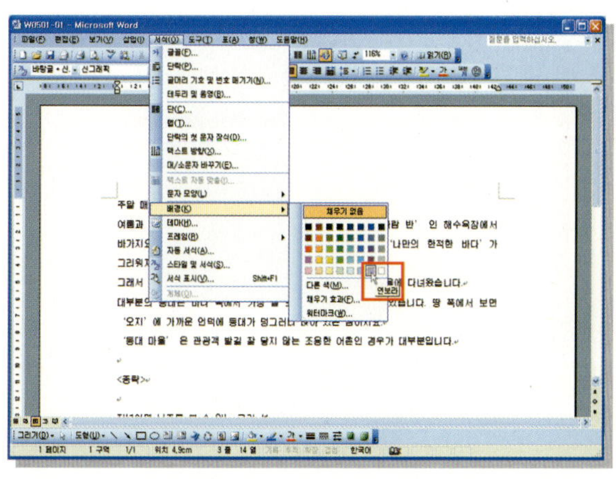

01 페이지에 배경을 설정하기 위해 [서식] 메뉴의 [배경]에서 '연보라' 를 선택한다.

〈시작 예제〉 C:\Wordprocess\Chapter05\W0501-01.doc

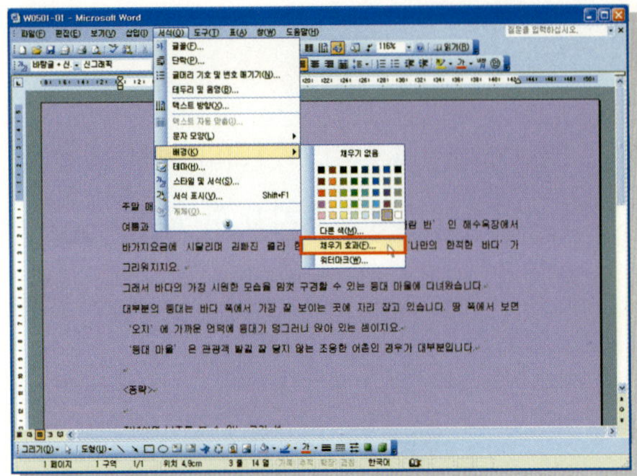

02 문서의 배경 색이 '연보라' 색이 되었다. 좀 더 다른 색으로 변경하고자 한다면 [서식] 메뉴의 [배경]에서 [채우기 효과]를 클릭한다.

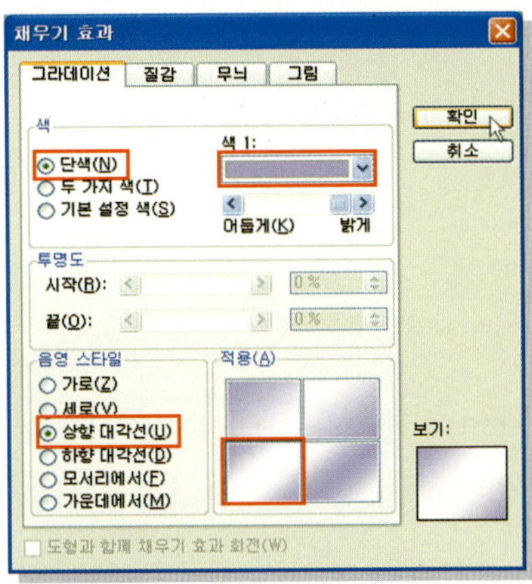

03 [채우기 효과] 대화 상자에서 [그라데이션] 탭을 선택한 후 [색]을 '단색', [색 1]은 '연보라', [음영 스타일]은 '상향 대각선', [적용]은 '3번째'를 선택한 후 [확인]을 클릭한다.

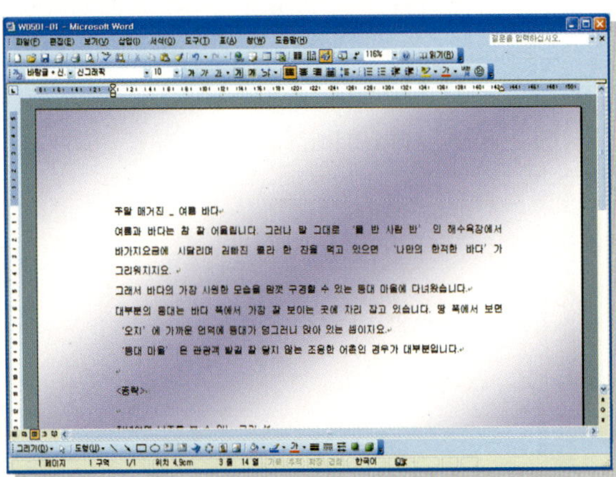

04 채우기 효과가 적용되었다.

02 페이지 테두리 설정

페이지 전체에 테두리를 설정하는 것으로 스타일이나 색상뿐만 아니라 테두리를 장식할
수 있는 모양도 선택할 수 있다. 페이지에 테두리를 적용해 보자.

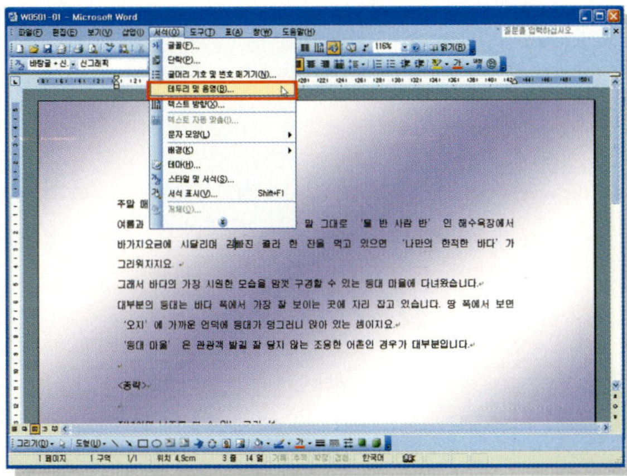

01 [서식] 메뉴의 [테두리 및 음영]을 선택한다.

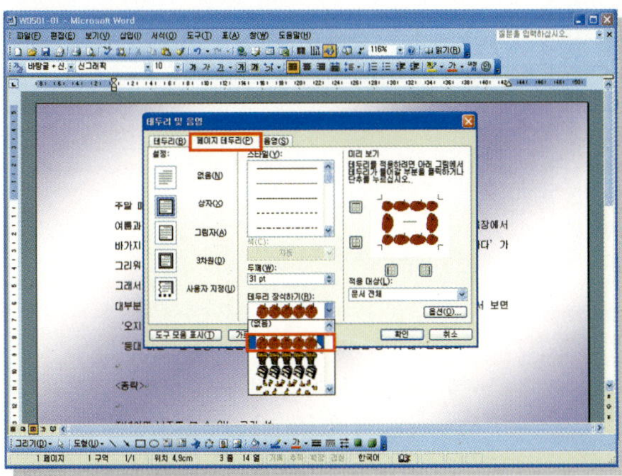

02 [테두리 및 음영] 대화 상자의 [페이지 테두리] 탭을 선택한 후 [테두리 장식하기]의 화살표를 클릭하여 '사과' 이미지를 선택한 후 [확인] 단추를 클릭한다.

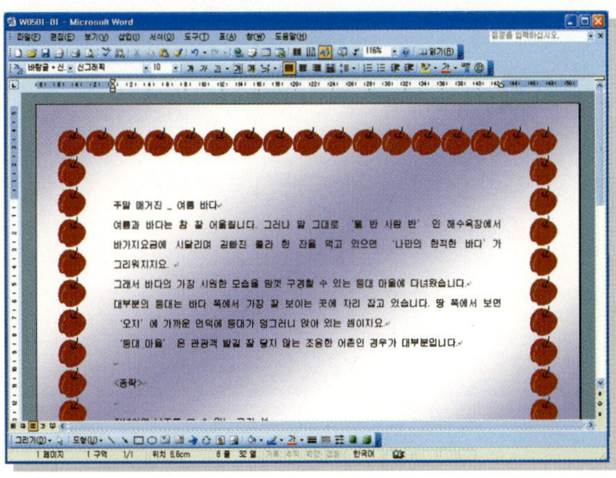

03 문서의 테두리가 '사과' 그림으로 그려진 것을 확인할 수 있다.

설치하라는 메시지가 나타나는 경우

오피스 2003을 기본 설치했다면 이 기능을 처음 사용할 때 설치할 것을 알리는 메시지가 실행된다. 설치용 CD를 넣고 설치한 후 사용한다.

03 테마 설정

테마는 페이지의 배경, 제목의 머리글이나 글꼴, 크기, 색상 등을 하나의 이름으로 설정해 놓은 것이다. 사용자가 선택한 테마를 미리 보기를 통해 확인한 후 적용시킬 수 있다. 테마를 적용해 보자.

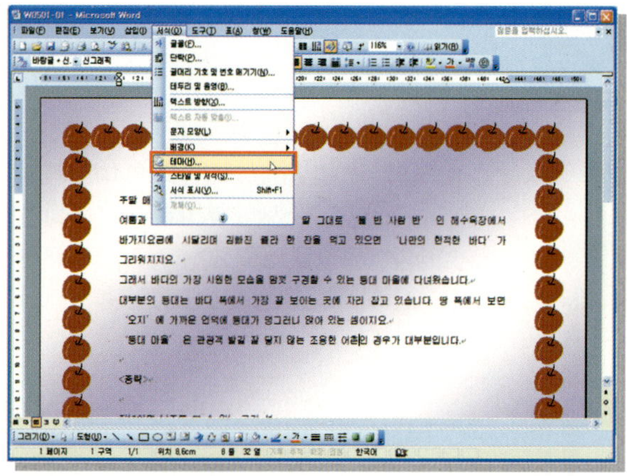

01 [서식] 메뉴의 [테마]를 선택한다.

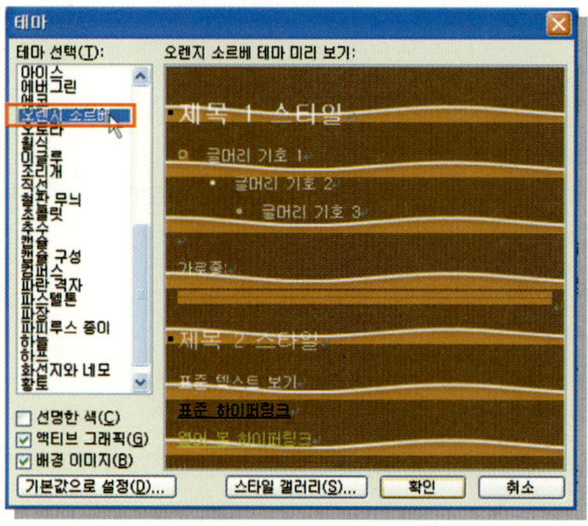

02 [테마] 대화 상자에서 '오렌지 소르베'를 선택한 후 [확인] 단추를 클릭한다.

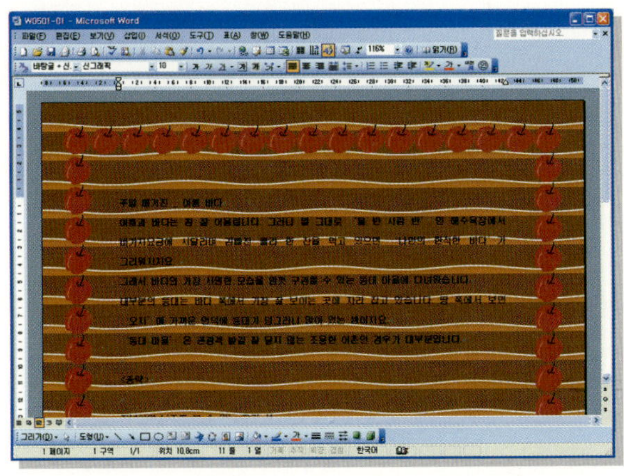

03 선택한 테마로 배경이 지정된다.

다단 작성

신문이나 잡지처럼 문장을 몇 개의 단으로 나누어 표시하는 기능으로 최대 11개까지 나눌
수 있으며 각 단의 너비를 동일하게 하거나 각각 다르게 설정 할 수 있다.

학습 목표

- 단을 여러 개로 나누어 내용을 정리할 수 있다.
- 각 단의 여백과 너비를 동일하게 맞출 수 있다.

01 다단 설정

사용자가 원하는 개수의 단으로 나눈 후 특정 위치부터 다음 단으로 나눌 수 있다. 한 문서
내에서 각 페이지 마다 단의 모양을 다르게 지정할 수도 있다. 단을 설정하여 문서를 작성
해 보자.

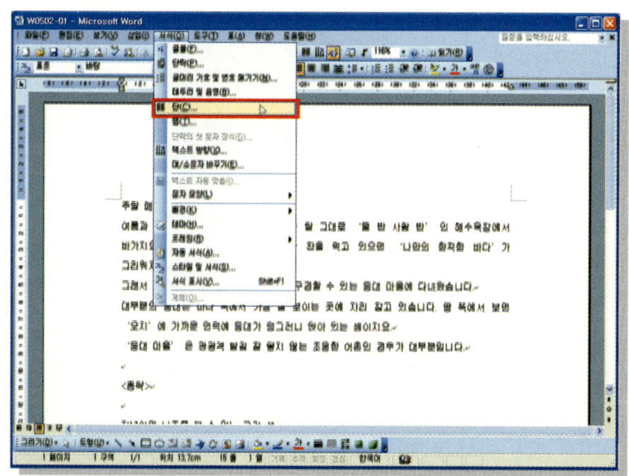

01 [서식] 메뉴의 [단]을 선택한다.

〈시작 예제〉 C:\Wordprocess\Chapter05\W0502-01.doc

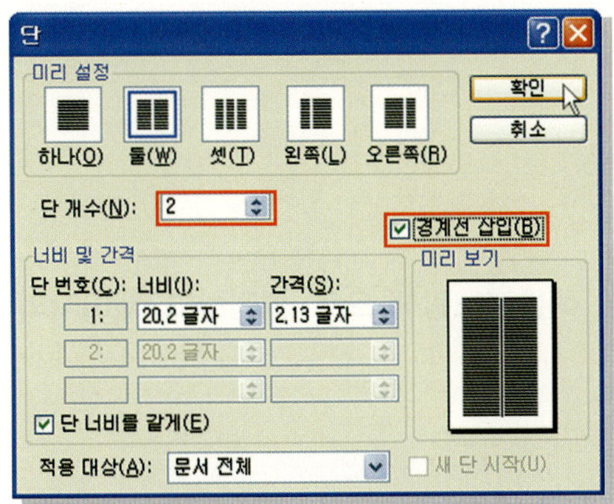

02 [단] 대화 상자에서 [단 개수]를 '2'개로 하고 [경계선 삽입]에 체크한 후 [확인] 단추를 클릭한다.

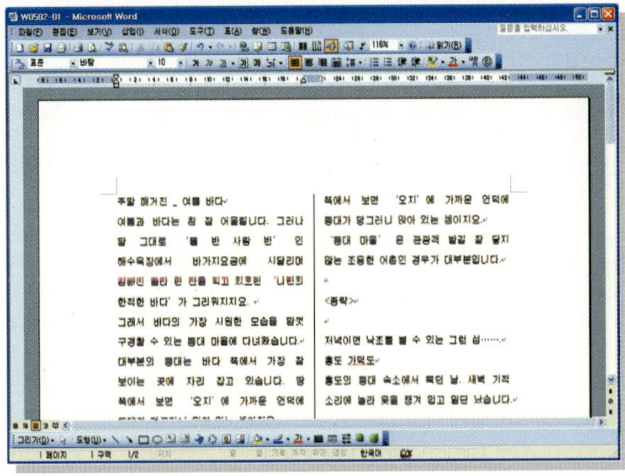

03 두 개의 단으로 나누어진 것을 확인할 수 있다.

Task1

'W05-01-st.doc'파일을 열고 페이지의 배경 색을 '노랑색'으로 설정하고 페이지의 테두리를 '나무'모양으로 설정하시오.

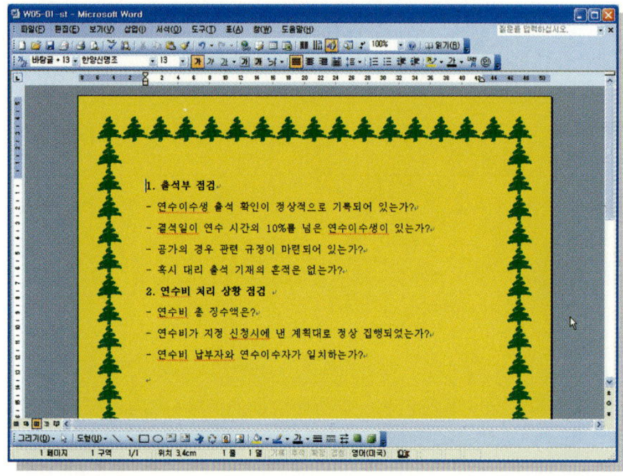

〈시작 예제〉 C:\Wordprocess\Chapter05\W05-01-st.doc

1. [파일]-[열기]를 선택하여 파일을 연다.
2. [서식]-[배경]을 선택한 후 배경 색으로 사용할 '노랑색'을 선택한다.
3. 페이지의 배경이 노랑색으로 채워졌다.
4. 페이지의 테두리를 설정하기 위해 [서식]-[테두리 및 음영]을 선택한다.
5. [테두리 및 음영] 대화 상자에서 [페이지 테두리] 탭을 선택하고 [테두리 장식하기] 항목에서 '나무'를 선택한 후 [확인] 단추를 클릭한다.
6. 페이지의 테두리가 설정되었다.

Task2

'W05-02-st.doc'파일을 열고 두 개의 단으로 나누고 경계선을 삽입하시오.

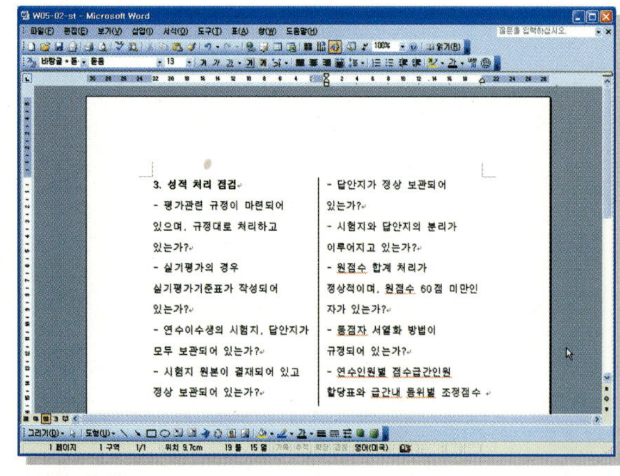

〈시작 예제〉 C:\Wordprocess\Chapter05\W05-02-st.doc

1. [파일]-[열기]를 선택하여 파일을 연다.
2. [서식]-[단]을 선택한다.
3. [단] 대화 상자에서 단 개수를 '2'를 입력한 후 [경계선 삽입] 옵션에 체크를 한 후 [확인] 단추를 클릭한다.
4. 단이 두개로 나누어졌다.

Chapter
06
문서 인쇄

Chapter 06

문서 인쇄

>>> 문서를 작성하기 전에 용지 크기와 여백 지정 및 용지 방향을 설정한다. 그리고 완성된 문서를 인쇄 미리 보기로 출력 결과를 확인한 후 인쇄한다.

편집 용지의 모양은 문서를 입력하기 전에 미리 설정을 하는 것이 좋다. 편집 용지의 전체
모양을 변경하는 방법에 대해서 알아보자.

> **학습 목표**
> - 문서를 인쇄하기 전에 용지의 크기와 방향, 여백 등을 사용자가 설정할 수 있다.
> - 문서의 페이지를 강제로 페이지 나누어 여러 장의 문서로 만들 수 있다.
> - 머리글 바닥글을 이용하여 작성자나 날짜, 회사 이름 등을 모든 문서에 반복시킬 수 있다.
> - 다양한 페이지 번호를 부여할 수 있다.

01 용지 크기 및 여백 설정

인쇄하기 전에 문서와 종이 사이의 여백이나 용시 크기, 인쇄 방향 등을 설정하는 기능으
로 [파일] 메뉴의 [페이지 설정]을 이용하며 문서의 전체적인 윤곽을 설정한다.

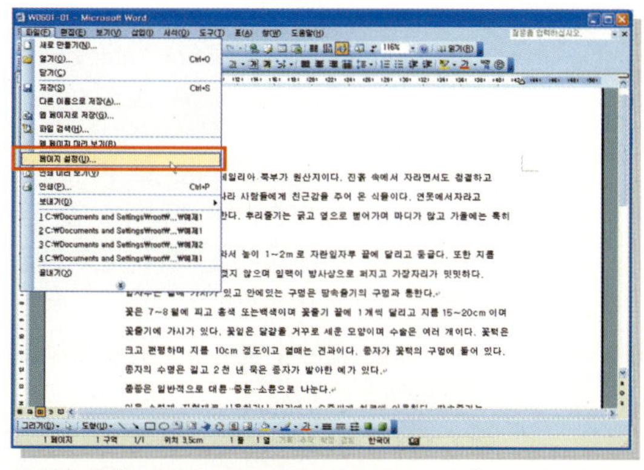

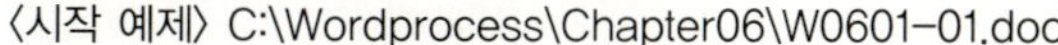

〈시작 예제〉 C:\Wordprocess\Chapter06\W0601-01.doc

01 [파일]-[페이지 설정] 메뉴를 선택한다.

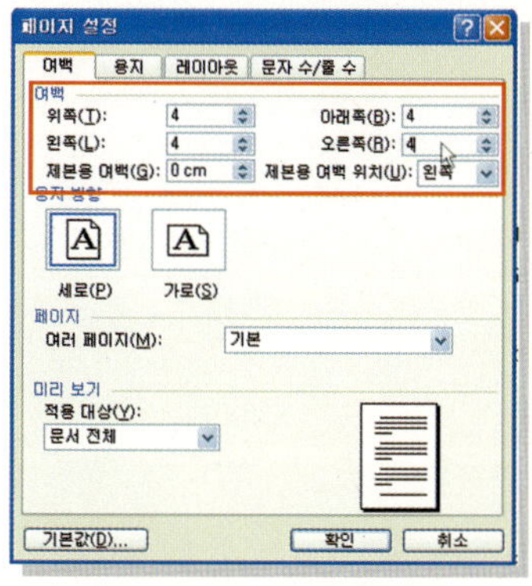

02 [여백] 탭에서는 문서 가장자리의 위,
아래, 왼쪽, 오른쪽의 간격을 '4cm'로 설
정하고 머리글과 바닥글 영역의 크기 등
전체적인 여백을 설정한다.

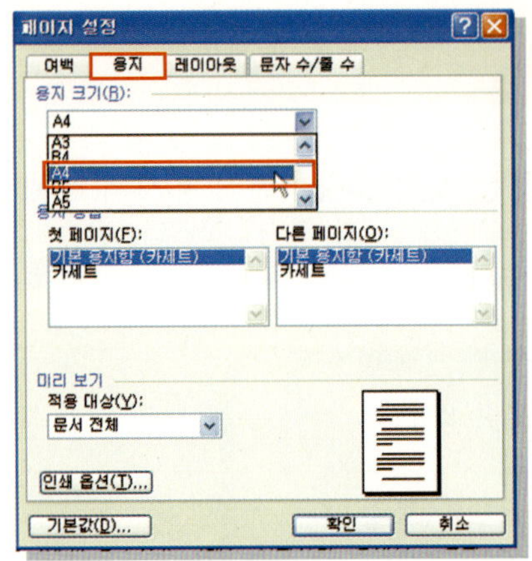

03 [용지] 탭에서는 [용지 크기]의 목록 단추를 눌러 사용할 용지의 종류를 'A4'로 선택한다.

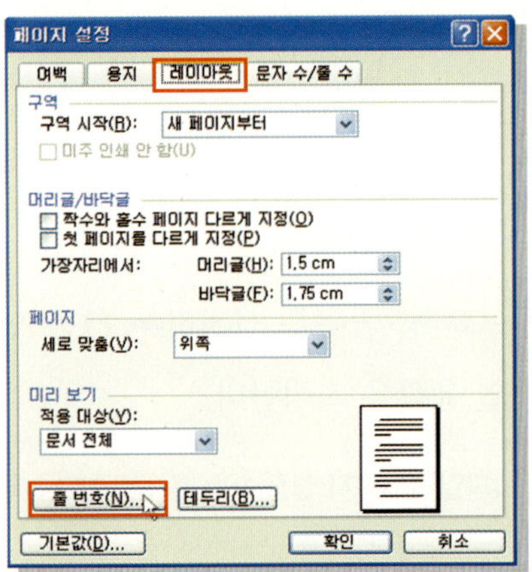

04 [레이아웃] 탭에서는 머리글/바닥글 지정 형태를 선택하거나, [줄 번호]를 선택하여 문서의 왼쪽에 행 번호를 표시한다.

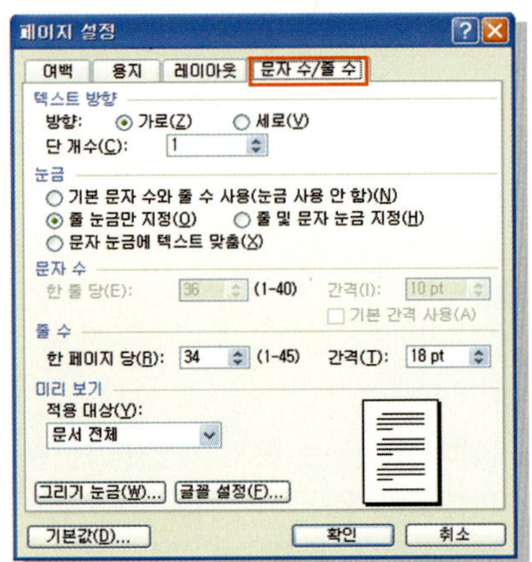

05 [문자 수/줄 수] 탭에서는 한 페이지에 출력될 내용의 분량을 조절하고 줄 간격, 글꼴, 글자 크기, 단 개수, 문자열을 가로 글씨나 세로 글씨로 전환을 선택한다. 모든 설정이 끝나면 [확인] 단추를 클릭한다.

02 페이지 나누기

문서를 작성할 때 일정 분량의 문서가 되면 자동으로 다음 장으로 페이지가 분리되는 것을
볼 수 있다. 자신이 원하는 위치부터 페이지를 나누어 분리를 할 수 있다.

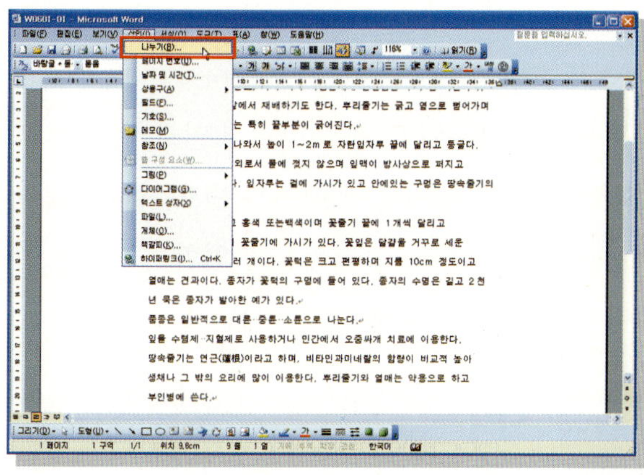

01 페이지를 분리하고자 하는 곳에 커서를
이동한 후 [삽입] 메뉴의 [나누기]를 선택
한다.

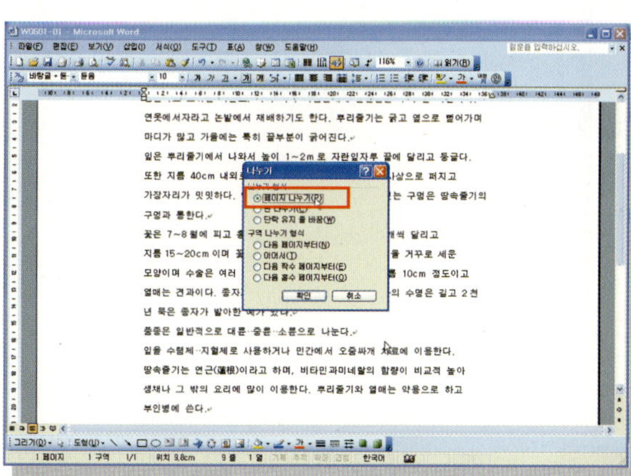

02 [나누기] 대화 상자의 [나누기 형식]에서
[페이지 나누기]를 선택하고 [확인] 단추
를 클릭한다.

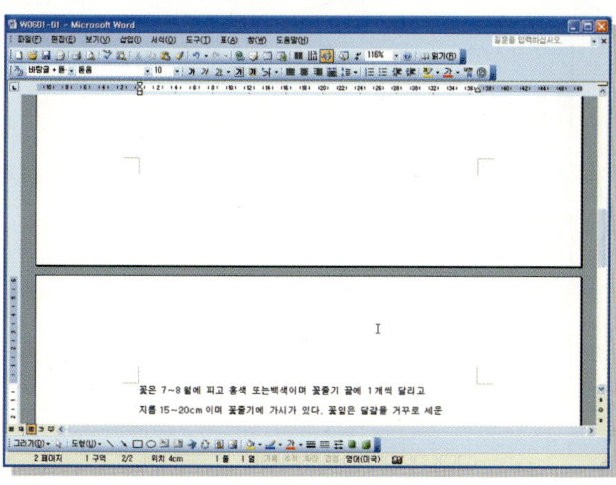

03 페이지가 나누어진 것을 확인할 수 있다.

페이지를 나눌 위치에 커서를 이동한 후 〈Ctrl+Enter〉를 누른다.

03 머리글 및 바닥글

머리글과 바닥글은 한 번의 지정으로 본문 문서에는 아무런 영향을 미치지 않고 매 페이지 상단이나 하단에 반복적으로 표시할 수 있다. 머리글과 바닥글에 페이지 번호, 날짜, 회사 로고, 문서 제목이나 파일 이름, 만든 이 이름 등의 텍스트나 그래픽을 삽입할 수 있다. 이렇게 삽입한 텍스트나 그래픽은 문서 각 페이지의 맨 위나 아래쪽에 인쇄된다.

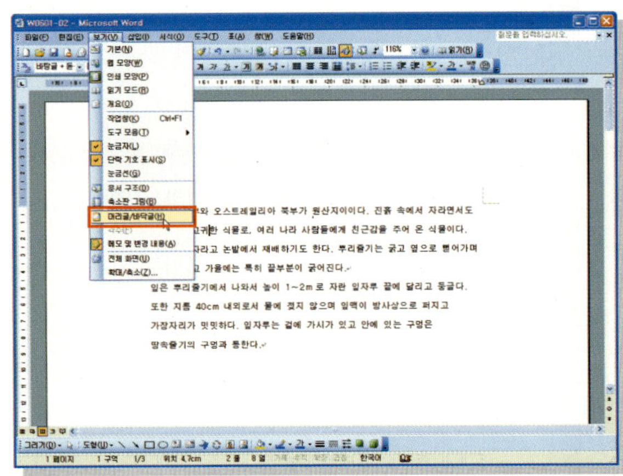

〈시작 예제〉 C:\Wordprocess\Chapter06\W0601-02.doc

01 [보기] 메뉴에서 [머리글/바닥글]을 클릭한다.

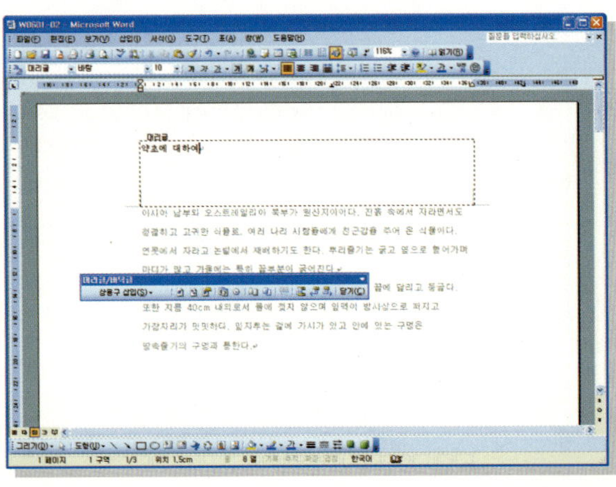

02 머리글 작성을 위한 영역이 표시되면 머리글 영역에 텍스트나 그래픽을 입력한다.

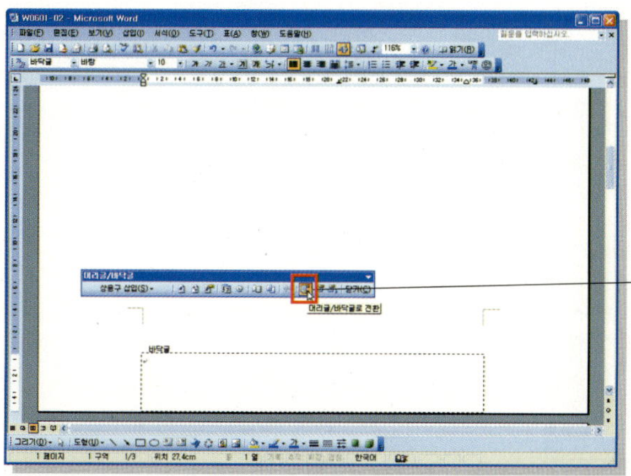

03 바닥글을 작성하려면 머리글/바닥글 도구 모음에서 [머리글/바닥글로 전환] 아이콘(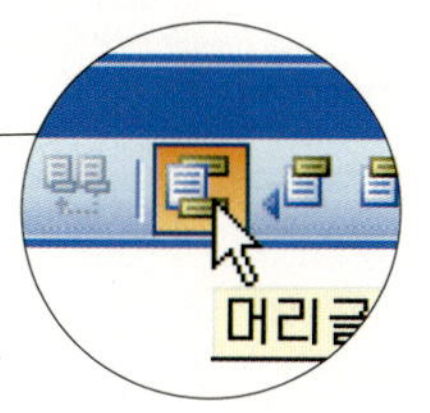)을 클릭한다.

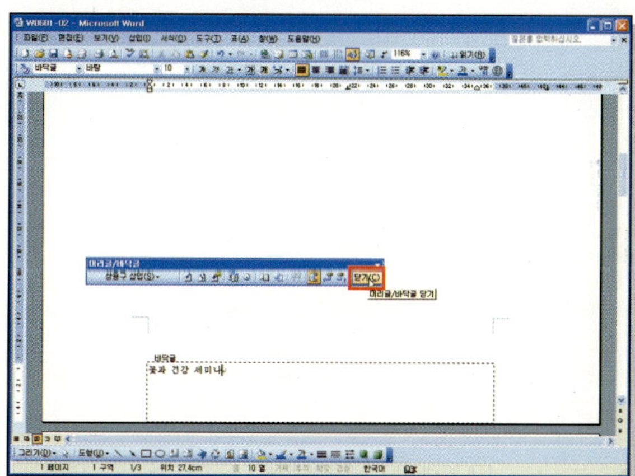

04 바닥글 영역으로 이동한 다음 텍스트나 그래픽을 입력한다. 작업이 끝나면 머리글/바닥글 도구 모음에서 [닫기]를 클릭한다.

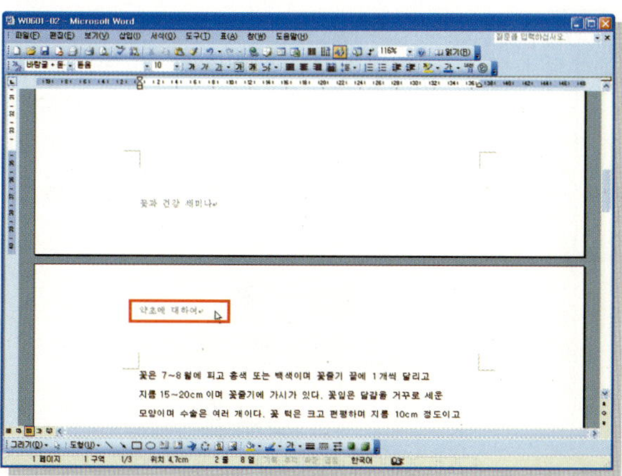

05 삽입된 머리글과 바닥글을 편집해 보자. ① 페이지 상단의 머리글 영역을 더블 클릭하거나, ② [보기] 메뉴의 [머리글/바닥글]을 선택한다.

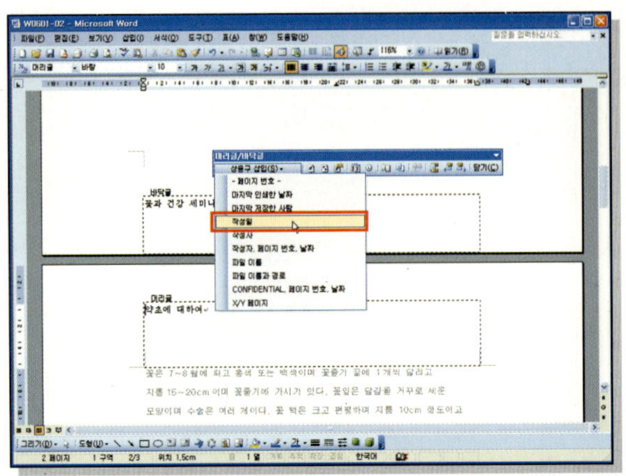

06 머리글 시작 위치에 커서를 두고 머리글/바닥글 도구 모음의 [상용구 삽입]의 화살표를 눌러 '작성일'을 선택한다.

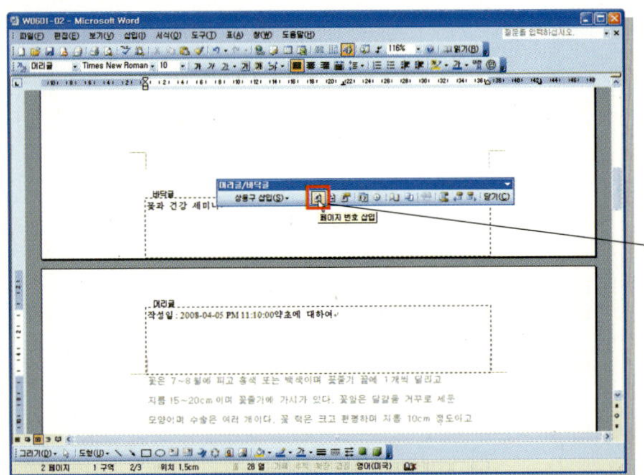

07 머리글/바닥글 도구 모음의 [페이지 번호 삽입] 아이콘( )을 선택한다.

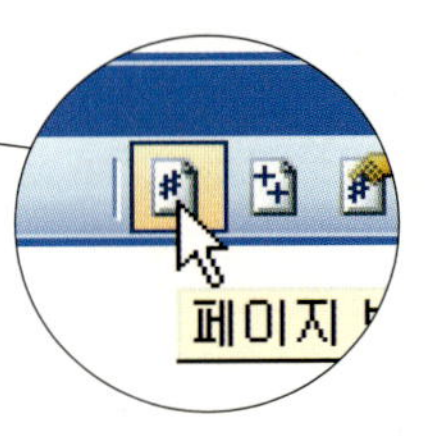

08 '/'를 입력하고 머리글/바닥글 도구 모음의 [전체 페이지 수 삽입] 아이콘( )을 선택하면 커서 위치에 전체 페이지수가 삽입된다. 각각의 아이콘을 이용하여 페이지 번호 서식, 오늘의 날짜, 시간을 삽입할 수 있다.

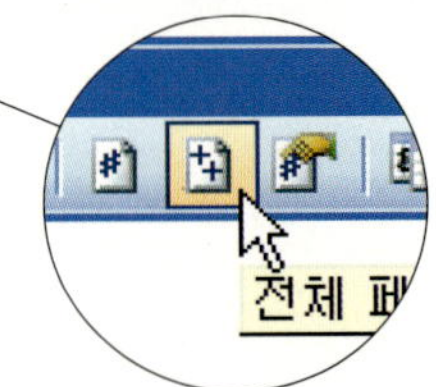

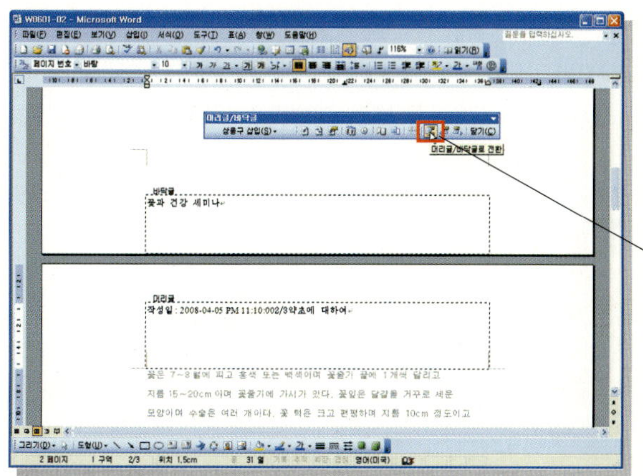

09 머리글/바닥글 도구 모음의 [머리글/바닥글 전환] 아이콘( )을 선택하면 머리글 상태에서 바닥글 상태로, 바닥글 상태에서는 머리글 상태로 입력 위치가 전환된다.

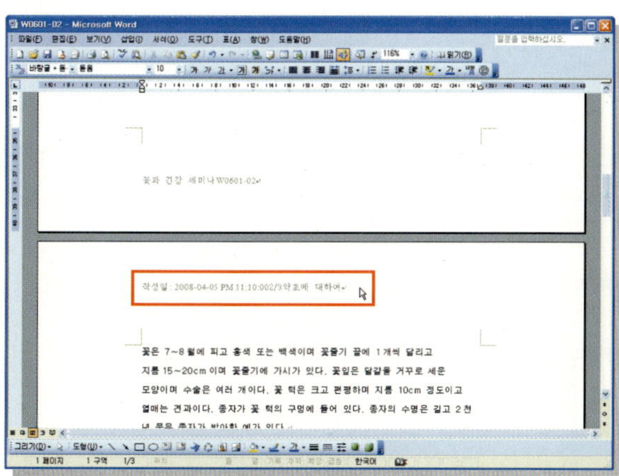

10 바닥글 끝에 '파일 이름'을 삽입한다. 수정 작업이 끝나면 머리글/바닥글 도구 모음에서 [닫기]를 클릭한다.

11 머리글과 바닥글이 삽입한 옵션에 맞게 작성되었다. 머리글과 바닥글을 삭제해야 한다면 설정되어있는 머리글/바닥글의 영역을 더블 클릭한다.

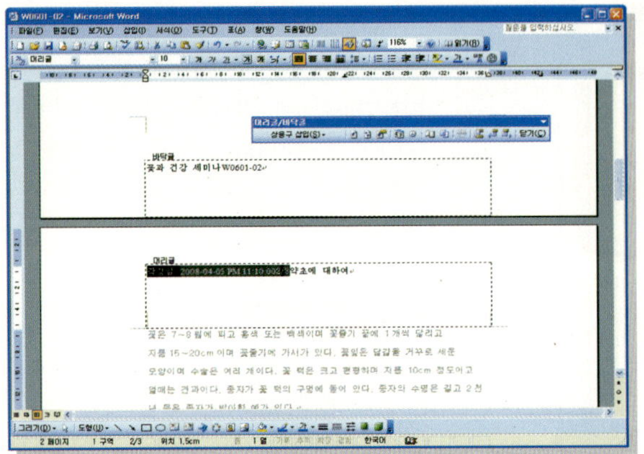

12 삭제할 머리글 또는 바닥글로 이동한다. 머리글이나 바닥글 영역의 삭제할 부분을 범위 설정한다.

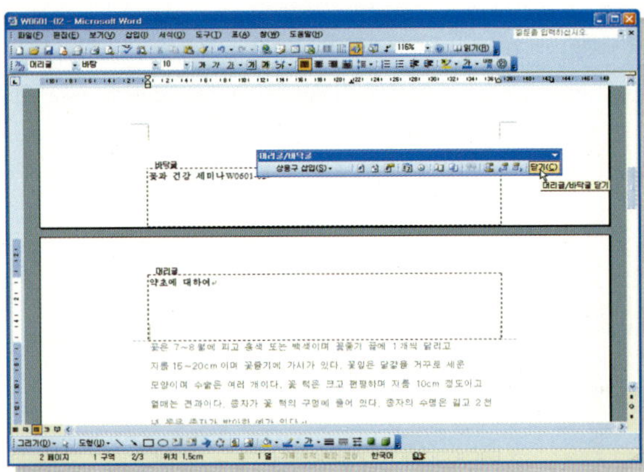

13 〈Delete〉 키를 누르면 불필요한 머리글과 바닥글을 지울 수 있다.

04 페이지 번호

페이지에 번호를 넣어주는 기능으로 번호는 자동으로 일련번호가 매겨진다. 페이지 번호는 문서가 수정되고, 변할 때마다 자동으로 새로 페이지 번호가 매겨진다.

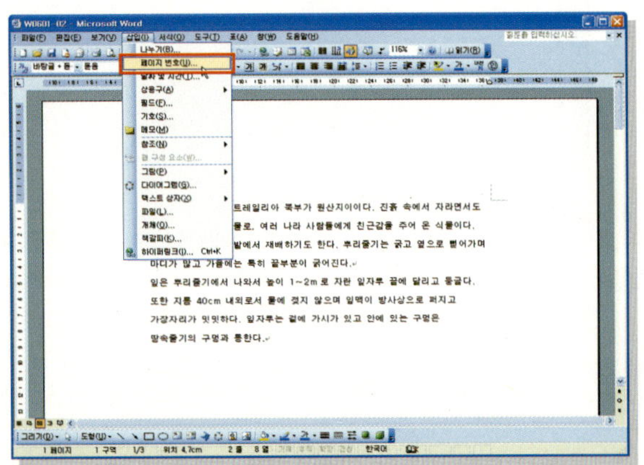

01 [삽입] 메뉴의 [페이지 번호]를 선택한다.

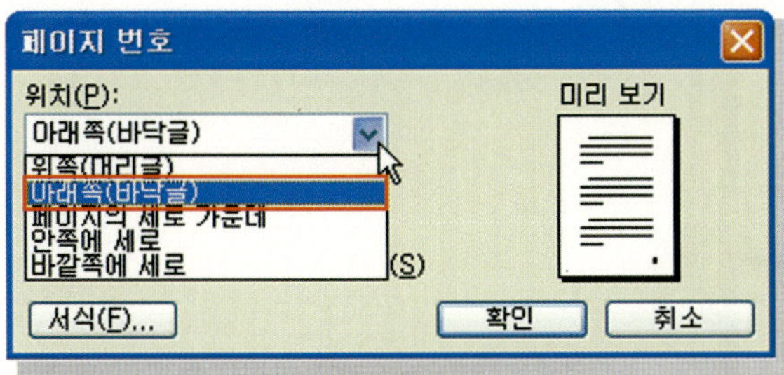

02 [페이지 번호] 대화 상자에서 [위치]의 화살표를 눌러 페이지에 표시될 페이지 번호의 위치를 선택한다.

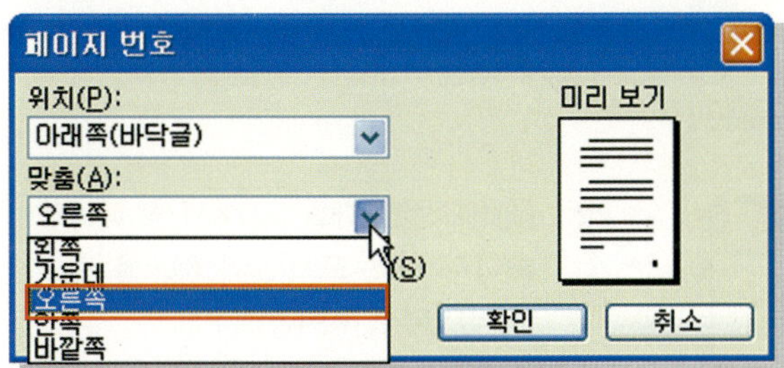

03 [페이지 번호] 대화 상자에서 [맞춤]의 화살표를 눌러 페이지에 페이지 번호의 정렬을 선택한다.

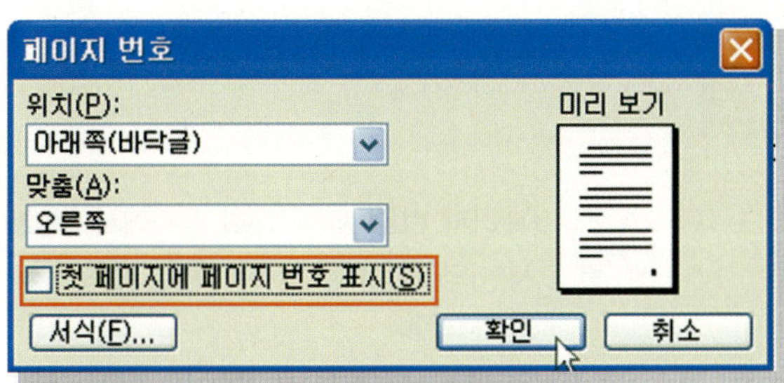

04 [첫 페이지에 페이지 번호 표시]란에 체크를 해제하면 첫 페이지만 페이지 번호를 생략할 수 있다. 문서의 첫 장에 표지를 만든 경우 번호를 생략할 때 사용한다. [확인] 단추를 클릭한다.

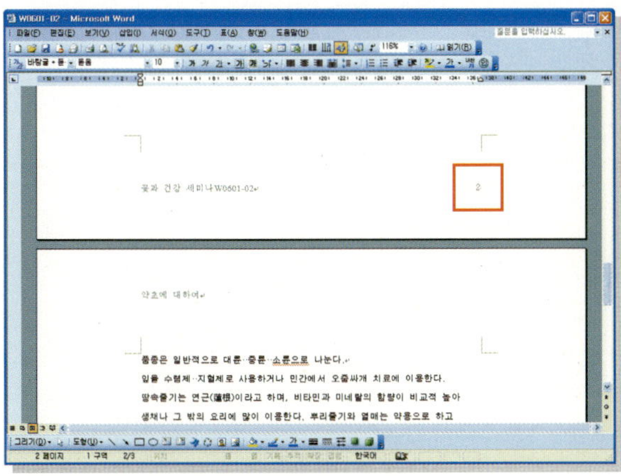

05 첫 페이지를 제외한 모든 페이지 오른쪽 하단에 페이지 번호가 표시된다.

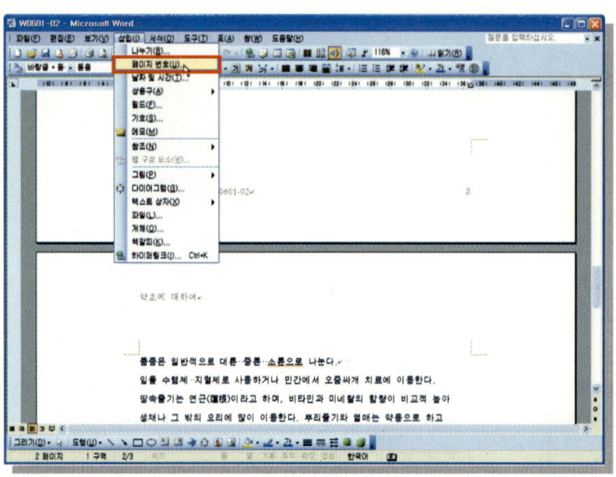

06 삽입된 페이지 번호에 서식을 적용해보자. [삽입] 메뉴의 [페이지 번호]를 선택한다.

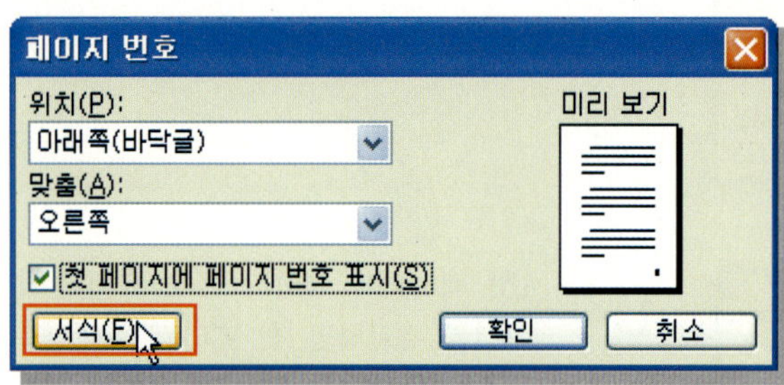

07 [페이지 번호] 대화 상자에서 [첫 페이지에 페이지 번호 표시]란에 체크를 한 후 [서식] 단추를 누른다.

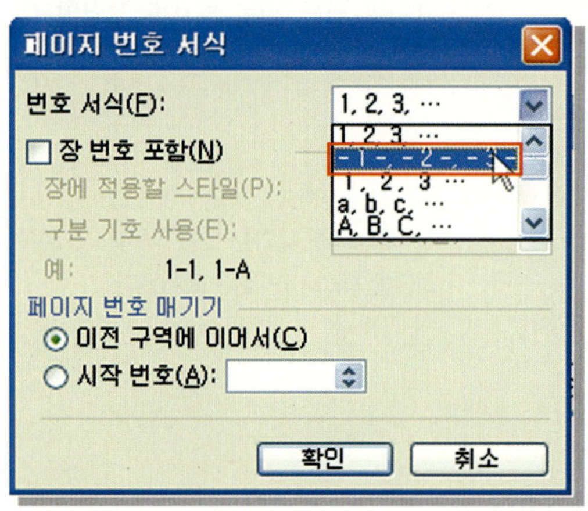

08 [페이지 번호 서식] 대화 상자에서 [번호 서식]의 화살표를 눌러 사용할 번호 서식을 선택한다

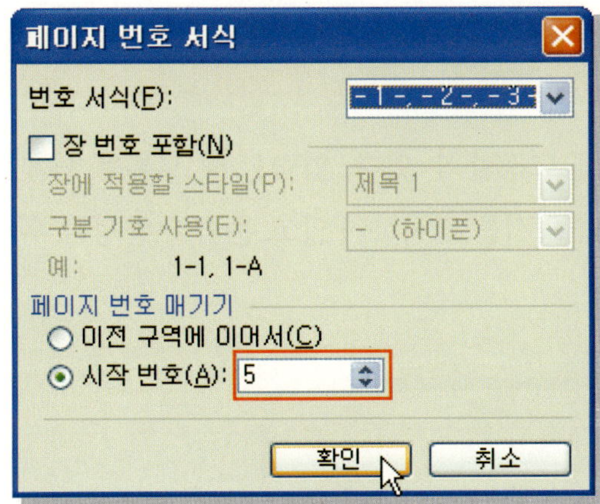

09 [페이지 번호 매기기] 부분의 [시작 번호]를 설정하면, 항상 1부터가 아닌 사용자가 원하는 번호부터 페이지 번호가 매겨진다. 페이지의 시작 번호에 '5'를 입력하고 [확인] 단추를 클릭한다.

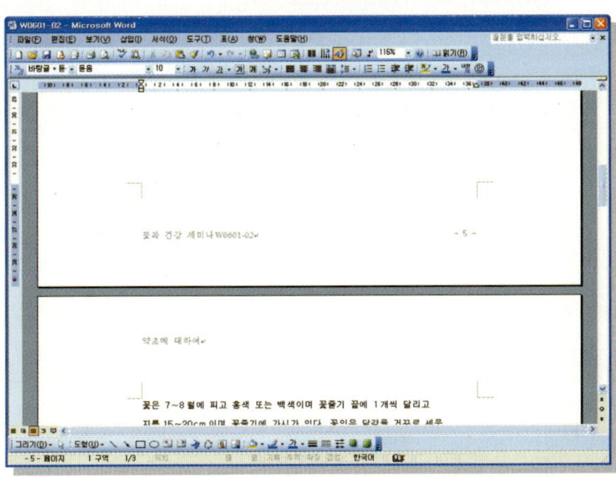

10 페이지 번호가 5쪽부터 시작되었다.

워드프로세서는 맞춤법 및 문법 오류를 신속하게 교정할 수 있다. 입력할 때 오류를 쉽게 확인할 수 있도록 프로그램을 설정하거나, 맞춤법 표시를 표시하지 않고 문서를 완성한 후에 실행할 수도 있다.

학습 목표

- 작성한 문서에 오류가 없는지 오류 검사 및 맞춤법 검사를 한다.
- 문서를 인쇄하기 전의 인쇄 미리 보기와 인쇄를 설정한다.

01 맞춤법 검사 및 교정

내용을 입력과 동시에 잘못된 오자를 찾아내고 마우스 오른쪽 단추를 누르면 올바른 표현을 보여준다. 영문 문서를 입력할 때는 틀린 글자뿐만 아니라 문법이 틀렸을 경우에도 자동적으로 화면에 표시를 해주고, 마우스 오른쪽 단추를 누르면 올바른 표현을 보여준다.

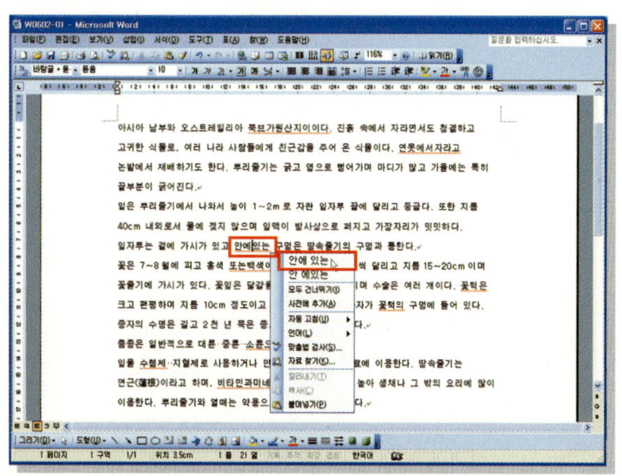

01 맞춤법이 틀린 곳의 문자에는 빨간색의 밑줄이 표시된다. 틀린 글자 위에서 마우스 오른쪽 단추를 누르면 추천 단어가 표시된다. 바꾸고자 하는 단어를 선택한다.

〈시작 예제〉 C:\Wordprocess\Chapter06\W0602-01.doc

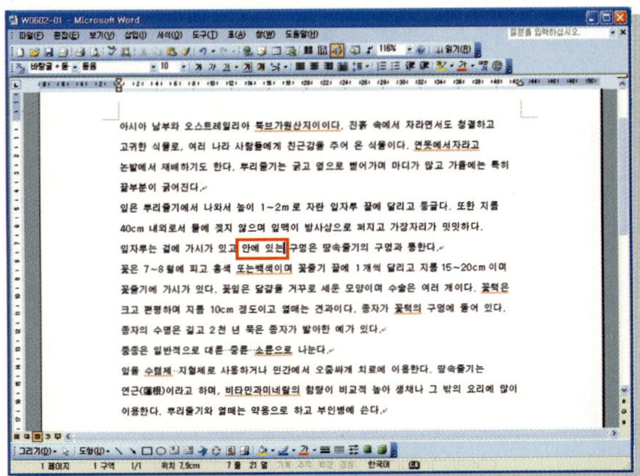

02 선택한 단어로 교정된다.

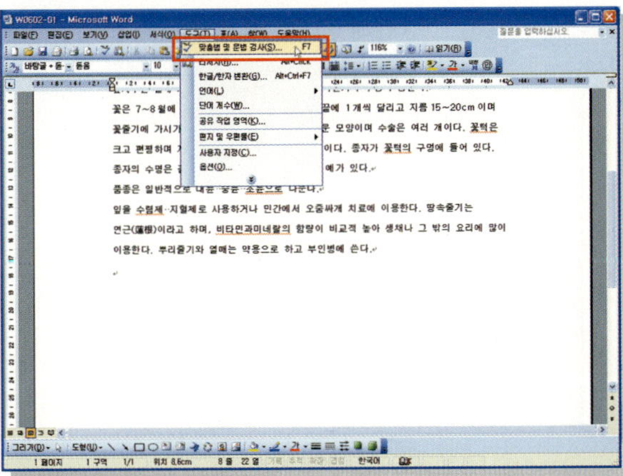

03 문서 전체를 맞춤법 검사하기 위해서 [도구]-[맞춤법 및 문법 검사] 메뉴를 선택한다.

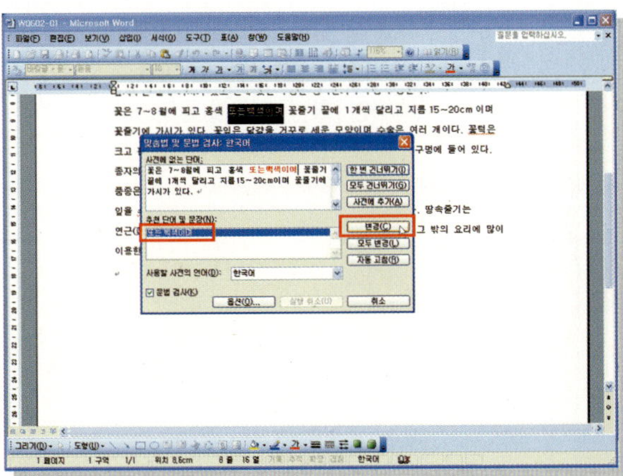

04 [맞춤법 및 문법 검사: 한국어] 대화 상자에서 [추천 단어 및 문자]의 맞는 단어를 선택한 후 [변경] 단추를 클릭한다.

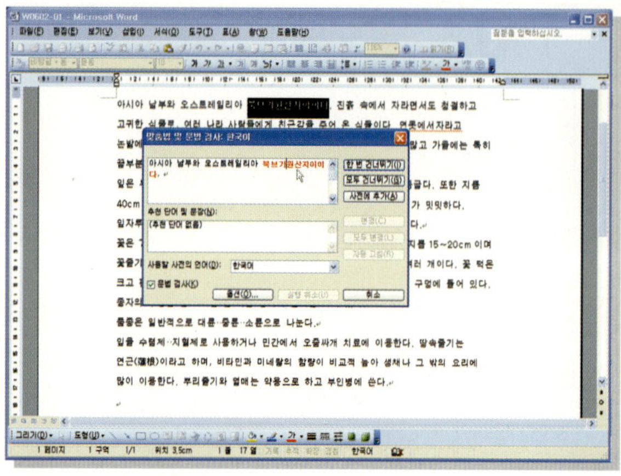

05 [맞춤법 및 문법 검사: 한국어] 대화 상자에서 직접 오류 난 부분을 수정할 수 있다.

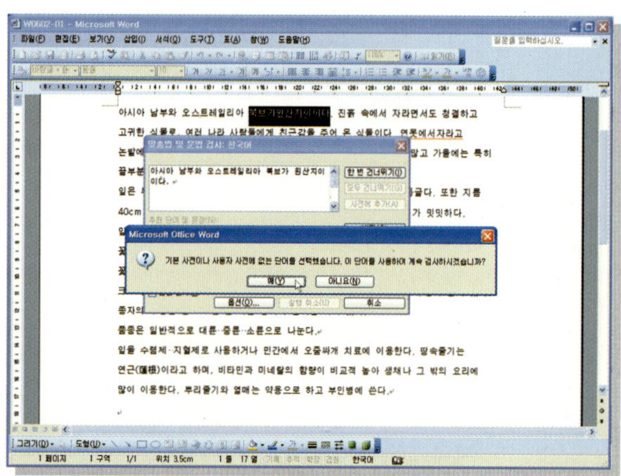

06 사전에 등록이 되어 있지 않는 단어로 변경을 했을 때는 계속 검사 여부 메시지가 나타난다.

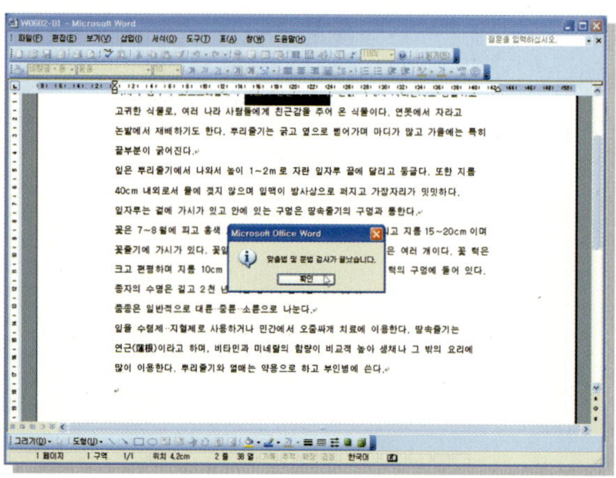

07 맞춤법 검사가 끝나면 '맞춤법 및 문법 검사가 끝났습니다.' 는 확인 메시지가 나타나면 [확인] 단추를 클릭한다.

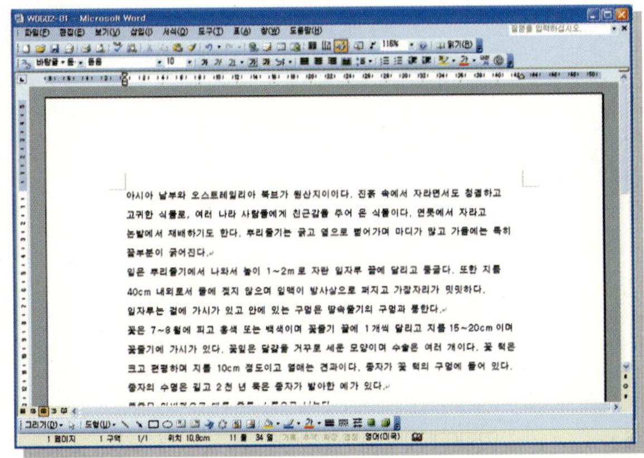

08 맞춤법 검사가 완료가 되어 오류가 모두 수정이 되면 빨간 밑줄 표시들이 없어진다.

02 문서 인쇄 미리 보기

프린터를 이용하여 인쇄물로 출력하기 전에 미리 출력 결과를 보여주는 기능으로 실제 출력했을 경우의 쪽 배정이나 화면 구성을 알 수 있게 되므로 출력물의 낭비를 줄일 수 있다.

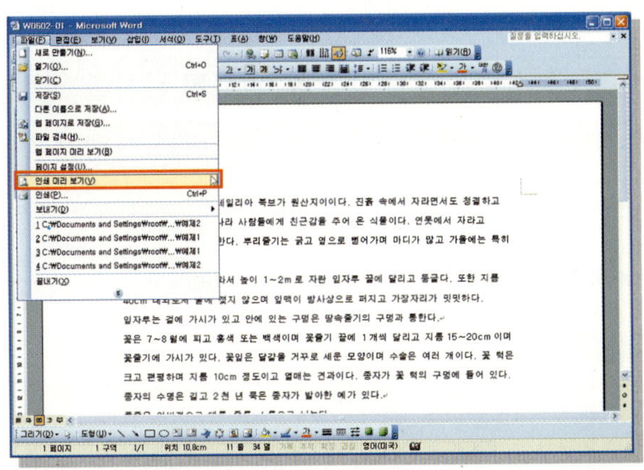

01 [파일] 메뉴의 [인쇄 미리 보기]를 선택한다.

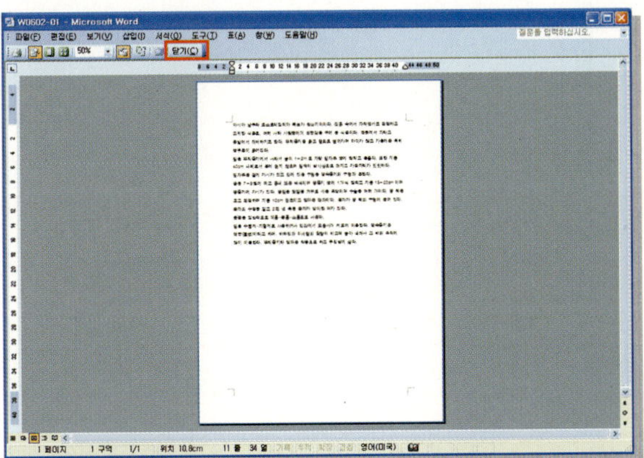

02 실제 인쇄될 모습이 화면에 나타난다. [닫기] 단추를 클릭한다.

 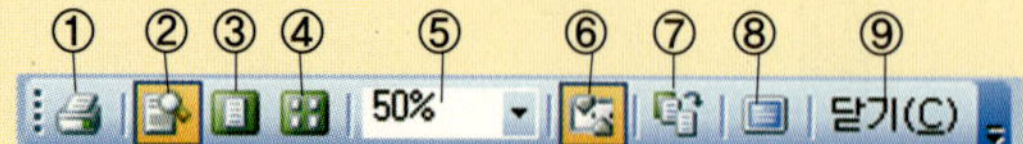

① 인쇄 : 미리 보기로 확인한 문서를 실제 프린터로 출력한다.

② 돋보기 : 문서의 원하는 부분에서 클릭하면 클릭한 부분을 기준으로 확대되고 다시 클릭하면 축소된다.

③ 한 페이지 : 여러 쪽 보기 상태에서 문서를 볼 때 한 쪽씩 볼 수 있도록 전환한다.

④ 여러 페이지 : 한 화면에서 보고자 하는 장의 수만큼 선택한다.

⑤ 확대/축소 : 자신이 원하는 확대/축소 배율을 입력 또는 미리 설정된 배율에서 선택한다.

⑥ 눈금자 보기 : 미리 보기 창에서 눈금자를 표시 또는 감춘다.

⑦ 줄여 맞추기 : 문서의 일부가 다음 쪽으로 넘어가지 않도록 줄여준다.

⑧ 전체보기 : 미리 보기 창을 화면 전체 크기로 확대한다.

⑨ 닫기 : 미리 보기 화면을 닫고 문서 편집 창으로 돌아간다.

03 인쇄

인쇄 미리 보기를 통하여 문서의 내용 구성 및 페이지 설정을 마친 후 완성된 문서를 직접 인쇄물로 출력하는 기능이다. 미리 사용할 컴퓨터에 연결된 프린터 드라이버를 설정한 후에 인쇄를 시작한다.

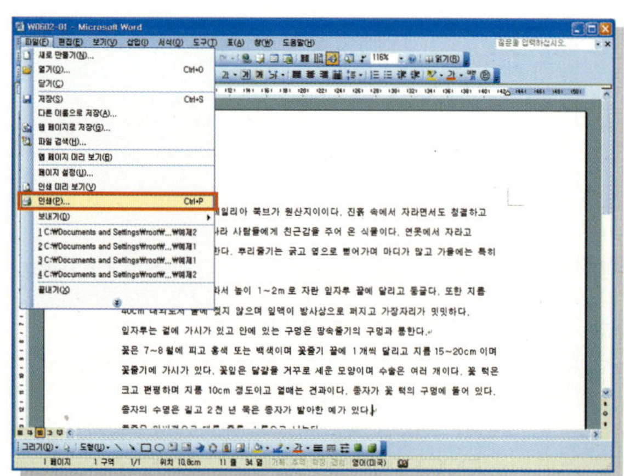

01 [파일]-[인쇄]를 선택한다.

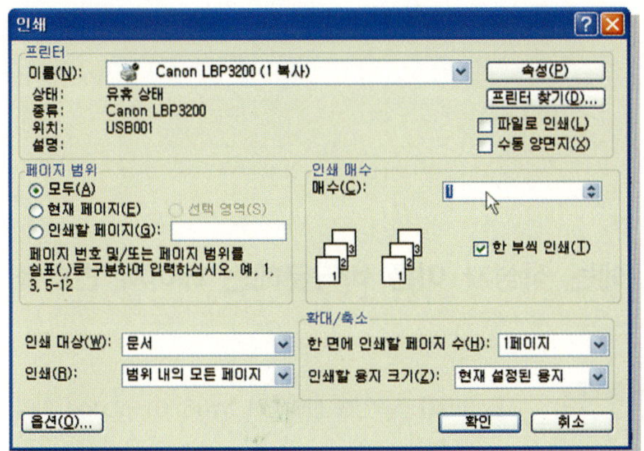

02 [인쇄] 대화 상자에서 사용할 프린터를 선택, 인쇄 범위 설정, 인쇄 매수 등의 값을 설정한다. [페이지 범위]에서 ① [모두]를 선택하면 문서가 전체 출력, ② [현재 페이지]를 선택하면 마우스 포인터가 있던 페이지만 출력, ③ [인쇄할 페이지]에는 지정한 페이지만 출력한다.
[인쇄 매수]에서 원하는 매수를 설정한다.
[인쇄]의 화살표를 누르면 '홀수 쪽' 만 또는 '짝수 쪽' 만을 인쇄가 가능하다.
[확인] 단추를 클릭한다.

 **인쇄 옵션**

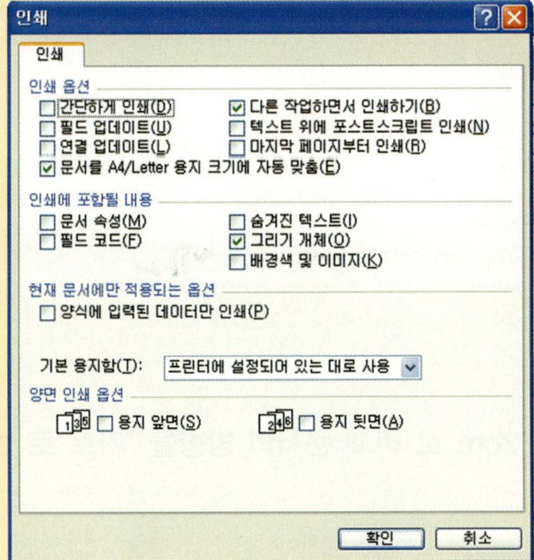

[옵션] 단추를 누르면 다양한 인쇄 설정을 지정할 수 있다.

Task 1

'W06-01-st.doc' 파일을 열고 머리글에는 작성자 이름 바닥글에는 페이지 번호를 삽입하시오.

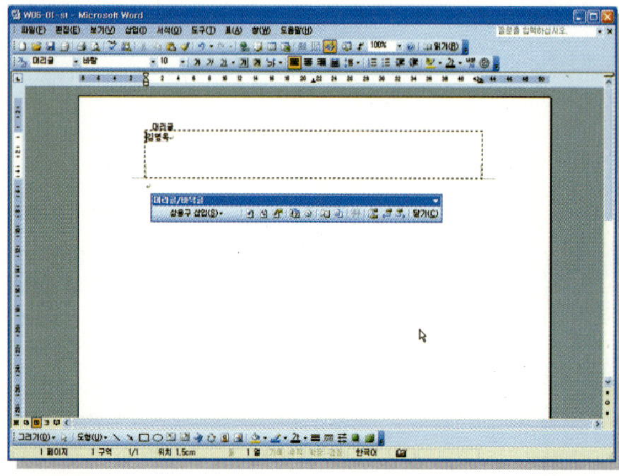

1. [파일]-[열기]를 선택하여 'W06-01-st.doc' 파일을 연다.
2. [보기]-[머리글/바닥글]을 선택한 후 머리글에 작성자 이름을 입력한다.
3. [머리글/바닥글로 전환] 아이콘을 클릭하여 바닥글로 전환한다.
4. [페이지 번호 삽입] 아이콘을 클릭하여 페이지 번호를 삽입한다.

〈시작 예제〉 C:\Wordprocess\Chapter06\W06-01-st.doc

Task 2

새로운 문서를 열고 문서의 여백을 모두 '3cm'로 하고 문서의 방향을 '가로'로 변경하시오.

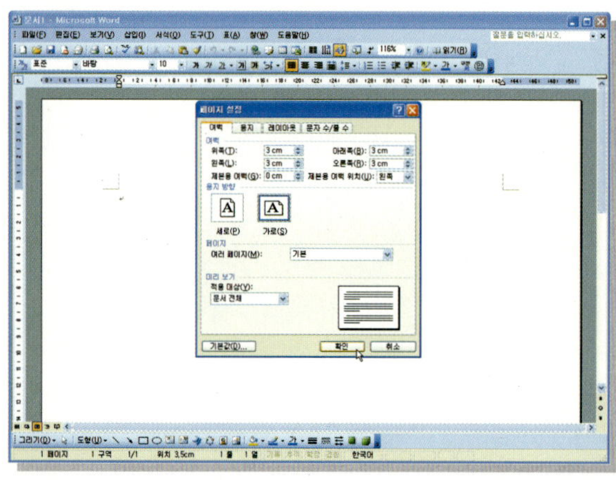

1. [파일]-[페이지 설정]을 선택한다.
2. [여백] 탭을 선택하고 위, 아래, 왼쪽, 오른쪽의 여백을 '3cm'씩 입력한다.
3. [용지 방향]을 [가로]로 선택한 후 [확인] 단추를 클릭한다.

모 둘 3
모의고사

모의고사 1회

Quiz01. 새 문서를 만드는 방법으로 틀린 것은?
① 표준 도구 모음에서 [새 문서]를 클릭한다.
② 〈Ctrl+N〉을 누른다.
③ [파일]–[새로 만들기] 메뉴를 클릭한다.
④ 제목 표시줄을 더블 클릭한다.

Quiz02. 같은 내용의 파일을 복사본으로 만들려면 어떻게 해야 하는가?
① 표준 도구 모음의 [저장] 아이콘을 클릭한다.
② [파일]–[다른 이름으로 저장]을 클릭한다.
③ [파일]–[저장]을 클릭한다.
④ [파일]–[복사]를 클릭한다.

Quiz03. 문서의 전체 범위를 선택하는 단축키는 어느 것인가?
① 〈Alt+A〉
② 〈Ctrl+A〉
③ 〈Shift+A〉
④ 〈Alt+Shift+A〉

Quiz04. 찾기/바꾸기 옵션에 관한 설명으로 틀린 것은?
① 대/소문자 구분 : 영문 대문자와 소문자를 구분하여 찾는다.
② 단어 단위로 : 입력한 단어와 완전히 일치하는 단어만 찾는다.
③ 패턴 일치 사용 : 와일드 카드를 이용하여 찾는다.
④ 동음어 찾기 : 한글/ 영어 모두 사용 가능하다.

Quiz05. 번호 매기기 목록을 수정할 때 [글머리 기호 및 번호 매기기] 대화 상자의 [번호 매기기] 탭으로 수행할 수 있는 작업은 다음 중 어느 것인가?
① 글머리 번호를 글머리 기호로 변환한다.
② 글머리 번호 대신 그림을 삽입한다.
③ 번호 매기기 목록에 사용할 개요 스타일을 선택한다.
④ 번호 스타일을 정의한다.

Quiz06. 텍스트를 지우는 단계로 틀린 것은?
① 지우고자 하는 글의 시작 부분을 클릭한다.
② 지우고자 하는 글의 끝까지 마우스로 드래그한다.
③ 〈Delete〉 키를 누른다.
④ 〈Insert〉 키를 누른다.

Quiz07. 워드 프로세서 응용 프로그램을 실행하고 '용주사.doc' 파일을 불러오시오.

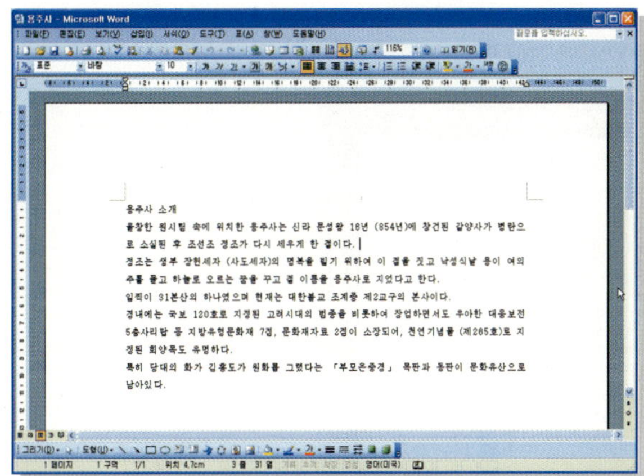

Quiz08. 열린 문서를 '수원화성.doc' 파일 이름으로 저장하시오.

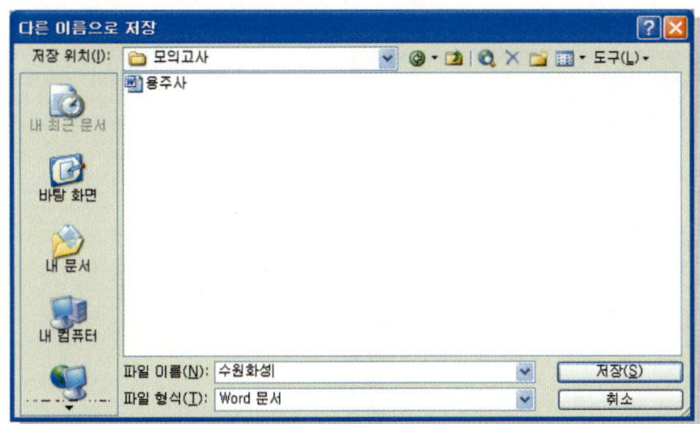

Module_3   워드 프로세싱

Quiz09. '수원화성.doc' 파일의 내용 중 1행의 '용주사 소개' 제목을 가운데로 정렬 한 후 글꼴은 '순명조', 글자의 크기는 '20' 포인트, 글자의 색을 '빨강색' 으로 적용하시오.

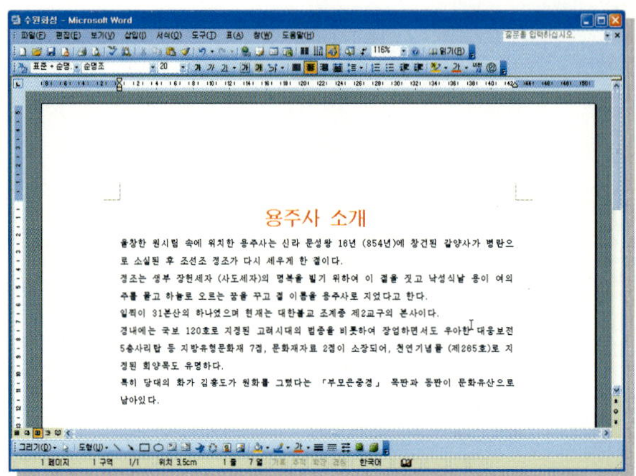

Quiz10. 2행~11행의 전체내용의 글자 크기를 '12' 포인트로 적용하시오.

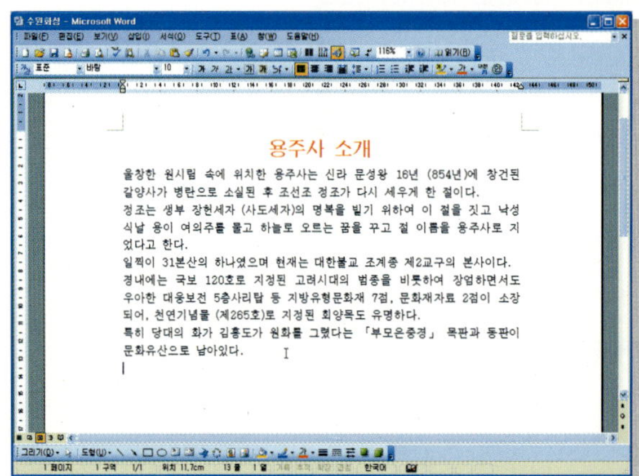

Quiz11. 문서의 끝에 3행 3열의 표를 삽입하 한 후 다음의 내용을 입력하시오.

주　　소	전화번호	찾아오는 길
경기도 화성시	031) 234 - 1111	자가용
경기도 용인시	031) 123 - 2333	버스

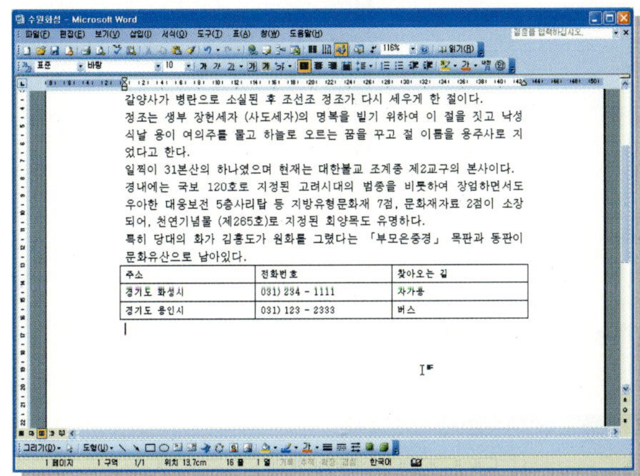

Quiz12. 삽입된 표의 1행의 배경을 노랑색으로 설정하고 데이터를 셀 가운데 맞춤하시오.

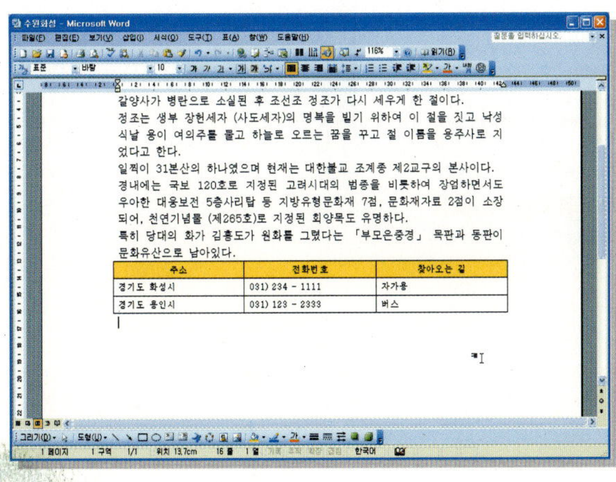

Quiz13. 표의 외곽선과 내부선 모든 테두리의 두께를 '1pt'로 지정하시오.

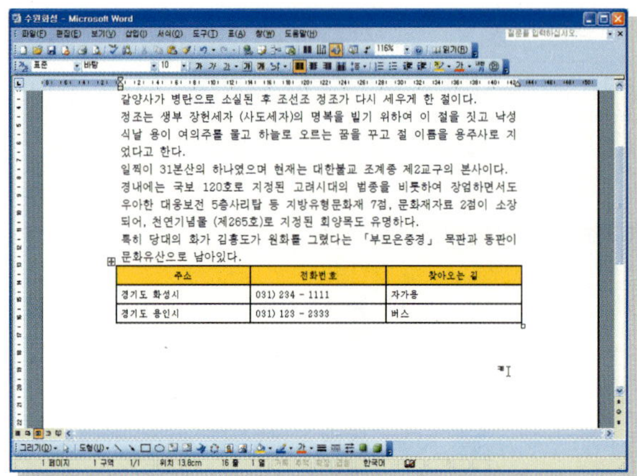

Quiz14. 문서의 1행의 제목 앞과 뒤에 '◆' 기호를 삽입하시오.

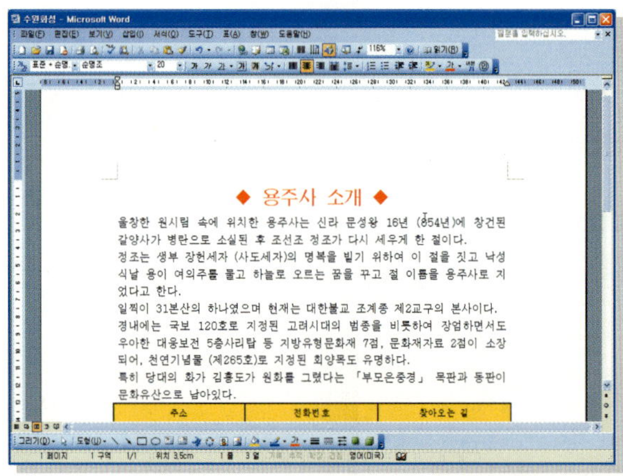

Quiz15. 2행부터 11행의 줄 간격을 '1.5줄'을 적용하시오.

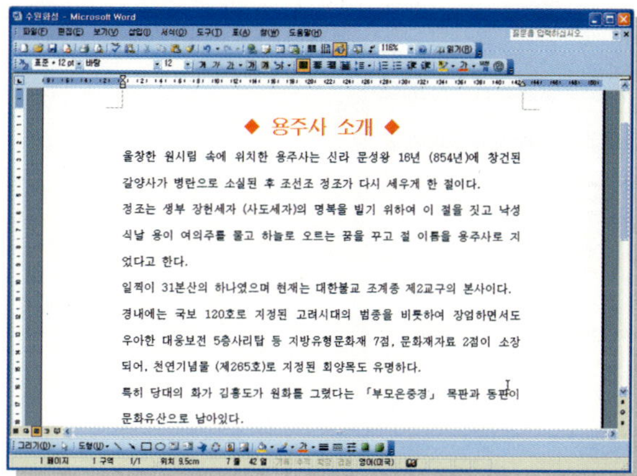

Quiz16. 머리글 왼쪽에 '작성자 : 성명'을 삽입하시오. (본인의 성명을 삽입하시오.)

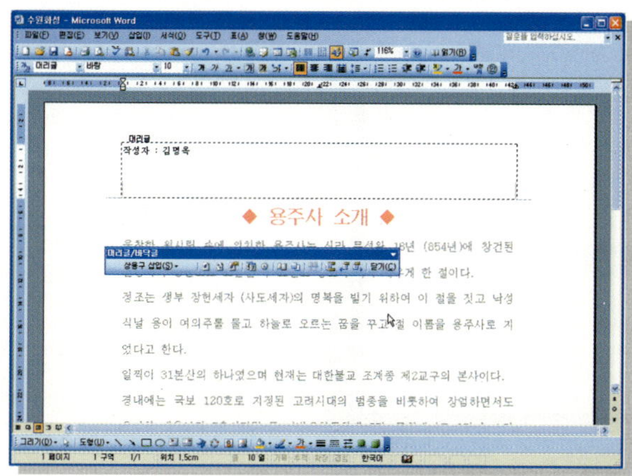

Quiz17. 문서에 위, 아래, 왼쪽, 오른쪽 모두 '2cm' 페이지 여백을 설정하시오.

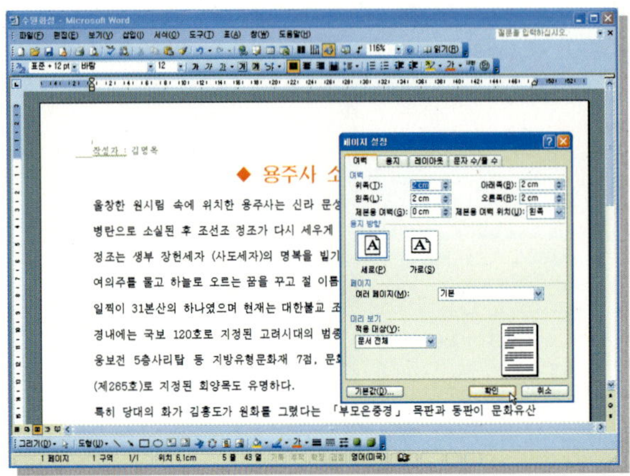

Quiz18. 바닥글 가운데에 페이지 번호를 삽입하시오.

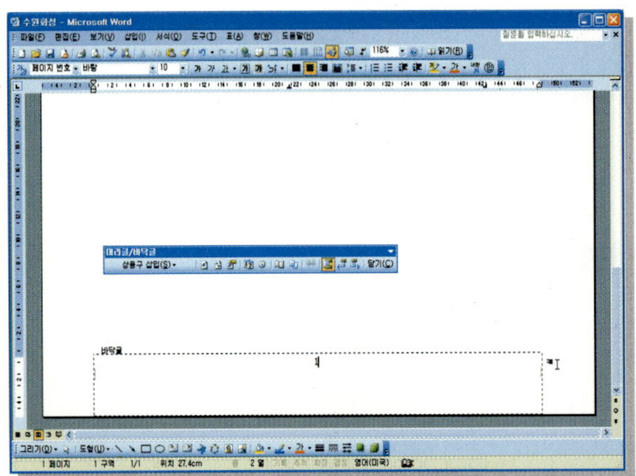

Quiz19. '울창한 원시림~'으로 시작하는 단락에 들여쓰기를 '2글자' 적용하시오.

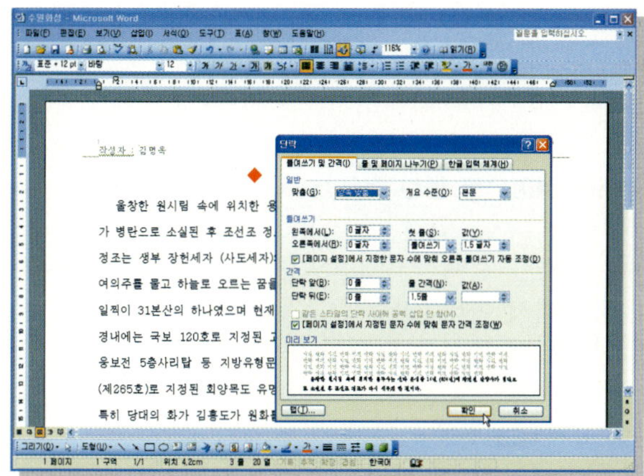

Quiz20. '경내에서~유명하다'의 텍스트에 기울임꼴을 적용하시오.

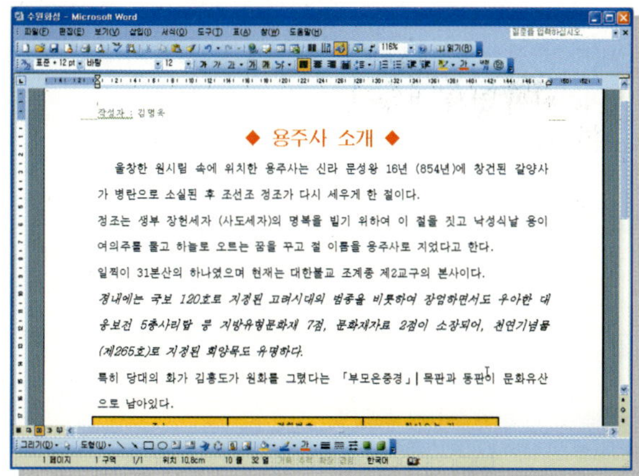

Module_3　워드 프로세싱

모의고사 2회

Quiz01. 문서를 축소하여 주요 제목만 표시하거나, 문서를 확대하여 모든 제목과 본문을 표시하는 보기 방식을 무엇이라고 하는가?
　① 웹 모양　② 기본 보기　③ 인쇄 미리보기　④ 개요보기

Quiz02. 특수 문자를 삽입하는 방법에 대한 설명으로 틀린 것은?
　① [삽입]-[기호] 메뉴를 클릭한다.
　② [기호] 대화 상자에서 특수 문자를 선택한 후 [삽입] 단추를 클릭한다.
　③ [기호] 대화 상자가 열린 상태에서 여러 개의 특수 문자를 삽입할 수 있다.
　④ [기호] 대화 상자가 열린 상태에서 문서를 편집할 수 없다.

Quiz03. 프로그램의 이름과 파일 이름이 표시되는 곳은 다음 중 어느 것입니까?
　① 상태 표시줄　② 제목 표시줄　③ 도구 모음　④ 탐색 모음

Quiz04. (바탕　▾)다음은 무엇을 하기 위한 것인가?
　① 바탕 선택　② 글꼴 선택　③ 바탕이라는 내용 입력　④ 글꼴 크기

Quiz05. 글꼴이나 단락에 대한 서식을 미리 지정해 놓고 필요할 때마다 불러다 서식을 한꺼번에 적용시킬 수 있도록 한 기능을 무엇이라고 하는가?
　① 스타일　② 단락　③ 서식　④ 글꼴

Quiz06. (가 ▾)다음의 아이콘은 무엇을 하기 위한 것인가?
　① 밑줄 색　② 글꼴 색　③ 바탕색　④ 음영색

Quiz07. 워드 프로세서 응용 프로그램을 실행하고 ‘신입사원.doc’ 파일을 불러오시오.

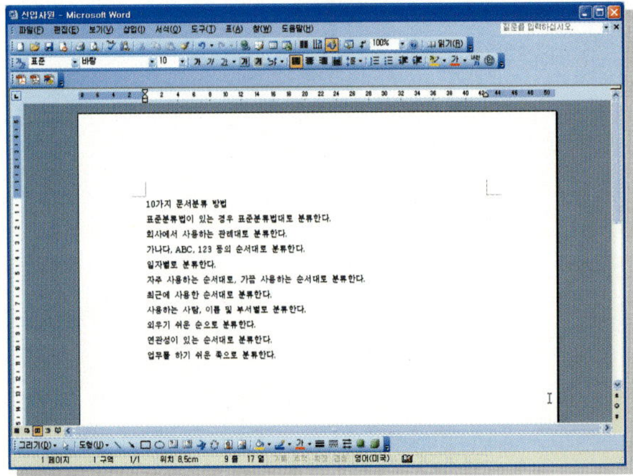

Quiz08.   2행~11행에 글머리 기호를 '■'로 삽입하시오.

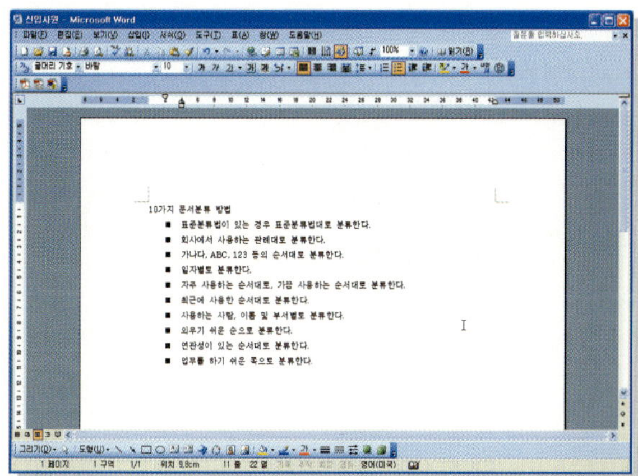

Quiz09. 2행~11행에 테두리를 설정하되 테두리 설정은 '상자', 스타일은 '실선', 두께는 '1pt'를
지정하시오.

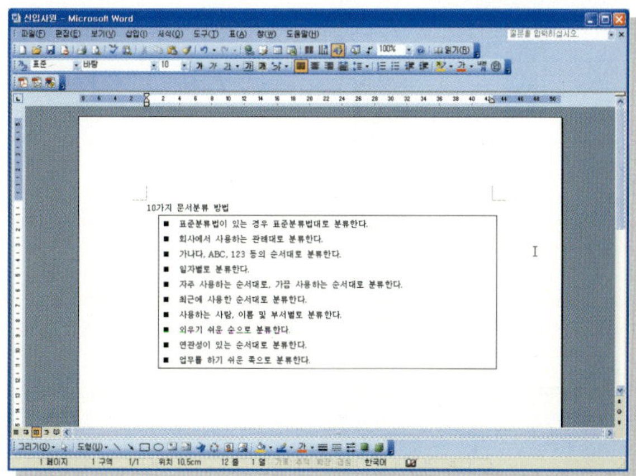

Quiz10. 1행의 제목에 글꼴을 '돋움', 글꼴 크기를 '20' 포인트, '굵게'와 '밑줄' 속성을 적용하시오.

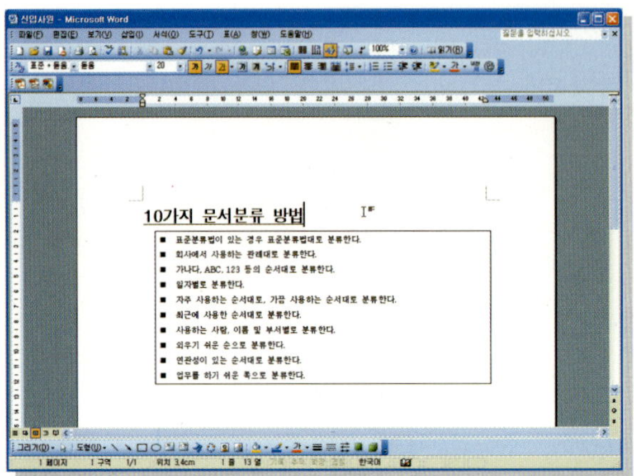

Quiz11. 문서의 오른쪽 하단에 페이지 번호를 삽입하시오.

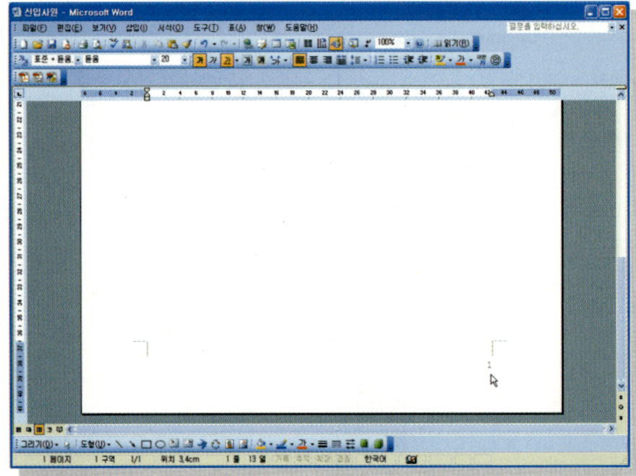

Quiz12. 2행~11행의 글꼴을 '궁서'로 설정하시오.

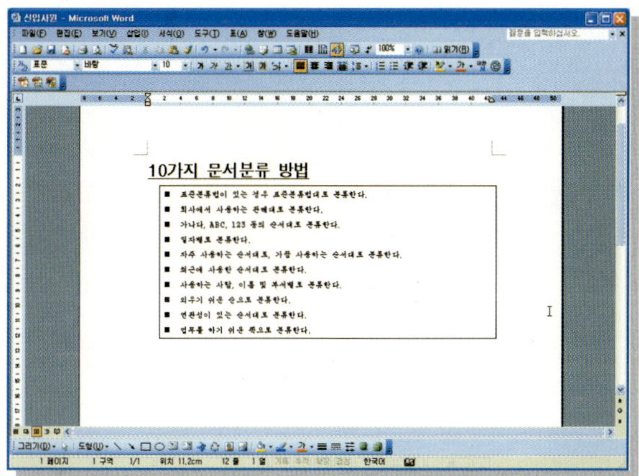

Quiz13. 열린 문서를 '사원모집.doc'의 다른 이름으로 저장하시오.

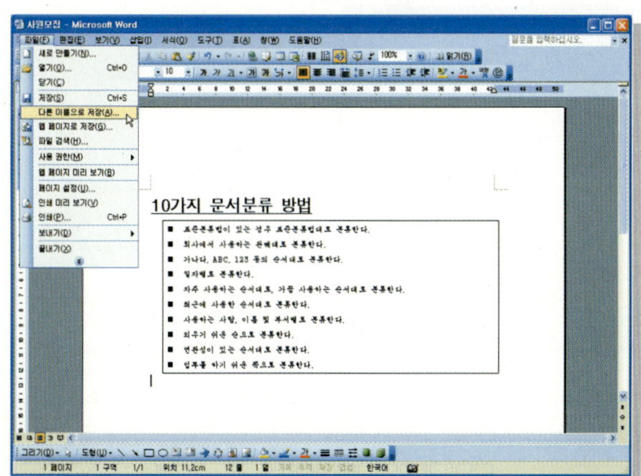

Quiz14. 문서를 확대/축소 비율을 '140%'로 확대하시오.

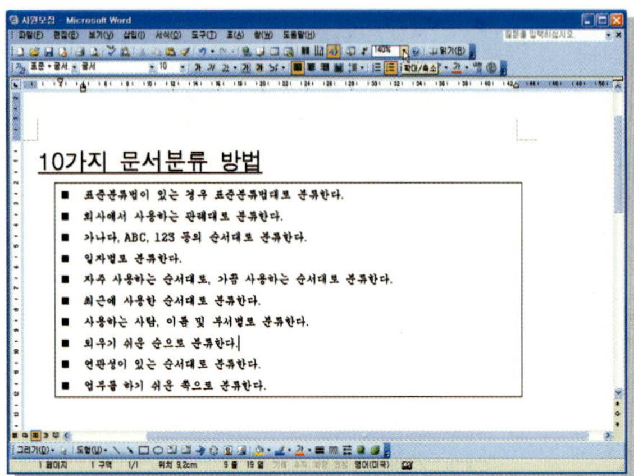

Quiz15. 문서 전체에 줄 간격 '1.5'를 적용하시오.

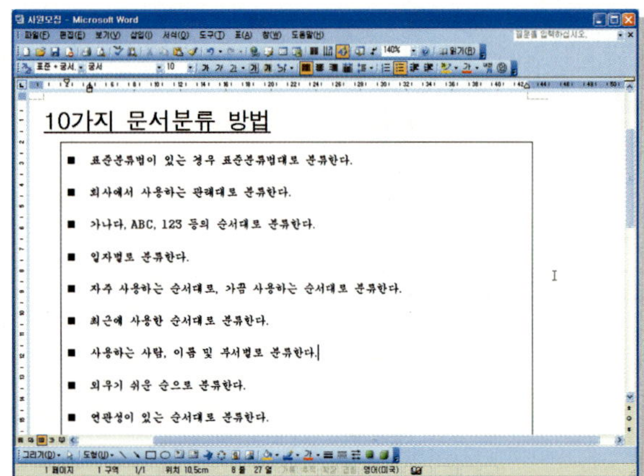

Quiz16. 1행 제목의 글꼴 색을 '녹색'으로 적용하시오.

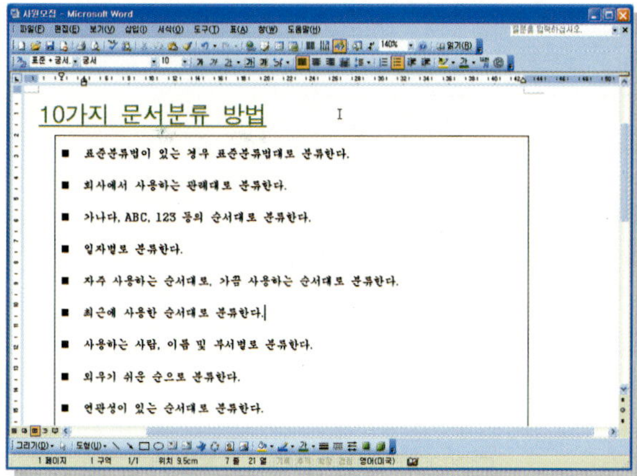

Quiz17. 바꾸기 기능을 이용하여 '분류'를 '구분'으로 모두 변경하시오.

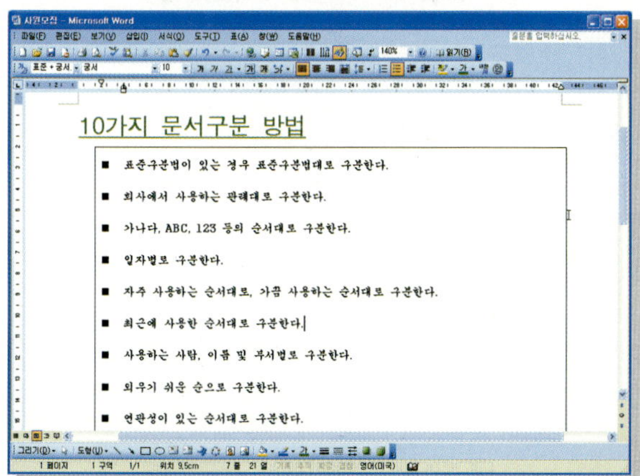

Quiz18. 2행 3열의 표를 문서의 끝에 삽입하여 표에 다음의 내용을 입력한 후 1행의 음영의 색을 '파랑' 색으로 설정하시오.

교육일정	인 원	비 고
3.1~3.3	30	연수원

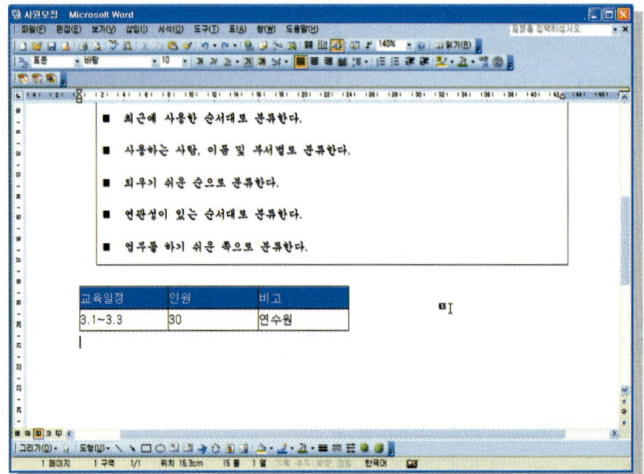

Quiz19. 표 안의 전체 내용의 글꼴을 '돋움', '가운데 맞춤'으로 설정하시오.

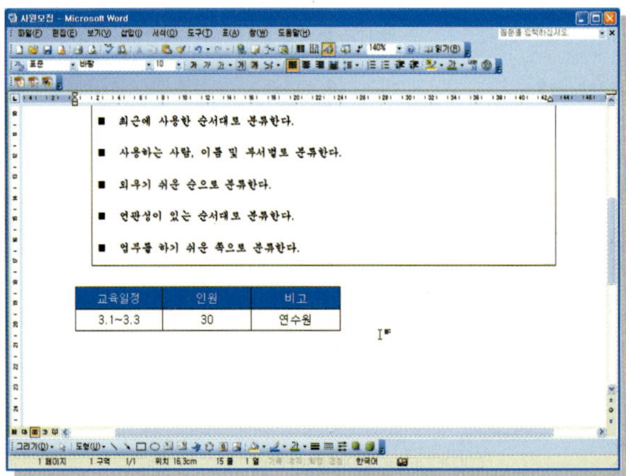

Quiz20. 문서를 '일반 텍스트' 파일 형식으로 저장한 후 열려있는 문서를 닫고 텍스트 형식으로 저장된 '사원모집.txt' 파일을 워드 프로세서에서 다시 열어 문서의 내용을 확인하시오.

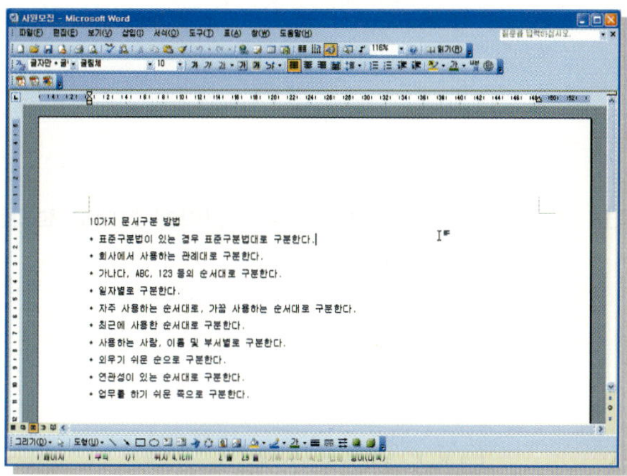

모의고사 3회

Quiz01. 웹 페이지 형식으로 보여지는 문서 보기 방식을 무엇이라고 하는가?
① 웹 모양
② 개요 보기
③ 읽기 모드
④ 기본 보기

Quiz02. 사용자가 원하는 서식을 만들고 그 서식을 다른 곳의 텍스트나 단락에 그대로 복사하는 기능을 무엇이라고 하는가?
① 복사
② 붙여넣기
③ 서식 복사
④ 잘라내기

Quiz03. (가) 아이콘은 무엇을 하기 위한 것인가?
① 밑줄
② 선지우기
③ 선택
④ 삭제

Quiz04. 그림을 삽입하기 위해 수행해야 하는 작업은 다음 중 어느 것입니까?
① 표준 도구 모음에서 [그림 삽입] 아이콘을 클릭한다.
② [삽입]-[그림]을 클릭한다.
③ [삽입]-[그림]-[그림 파일]을 클릭한다.
④ ①,②,③ 모두 가능하다.

Quiz05. 문서를 편집하기 위해 마우스로 범위를 선택하려고 한다. 문서 전체를 선택하는 방법은 어느 것인가?
① 문서의 왼쪽 여백에서 마우스 한 번 클릭
② 문서의 왼쪽 여백에서 마우스 두 번 클릭
③ 문서의 왼쪽 여백에서 마우스 세 번 클릭
④ 텍스트 안에 커서를 넣은 후 마우스 세 번 클릭

Quiz06. 워드 프로세서 응용 프로그램을 열고 '홍차의유래.doc' 파일을 불러오시오.

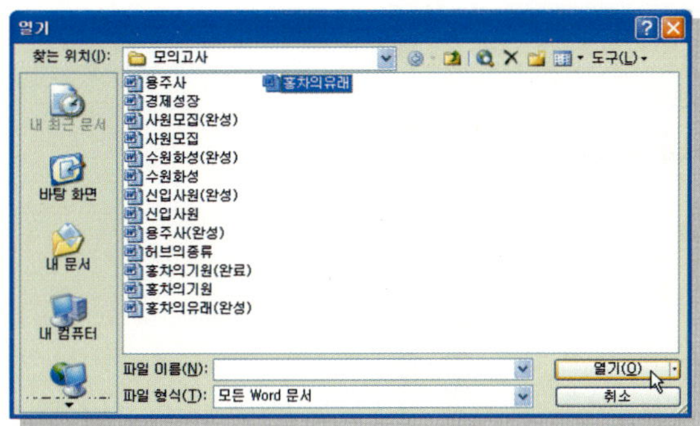

Quiz07. 페이지의 테두리를 삽입하되 '나무' 그림으로 테두리를 장식하시오.

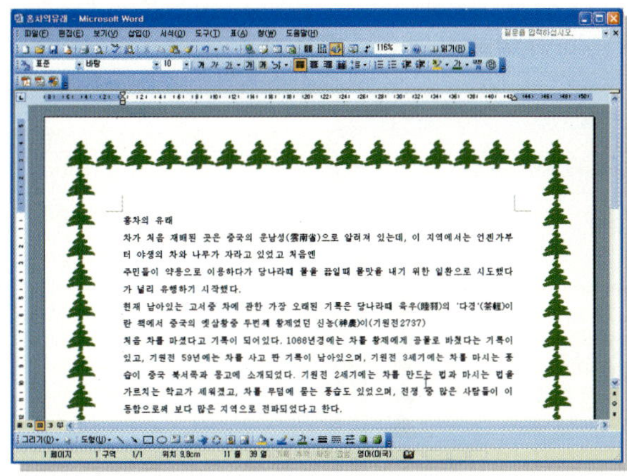

Quiz08. 1행의 제목을 범위 지정하여 글꼴은 'HY견고딕', 글꼴 크기는 '20', '가운데 맞춤' 하시오.

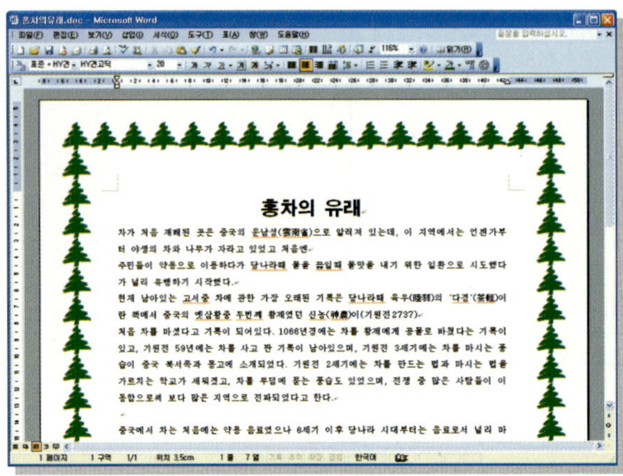

Quiz09. 2행 ~ 16행의 내용을 범위 지정하여 글꼴을 '돋움', 글꼴 색을 '녹색'으로 설정하시오.

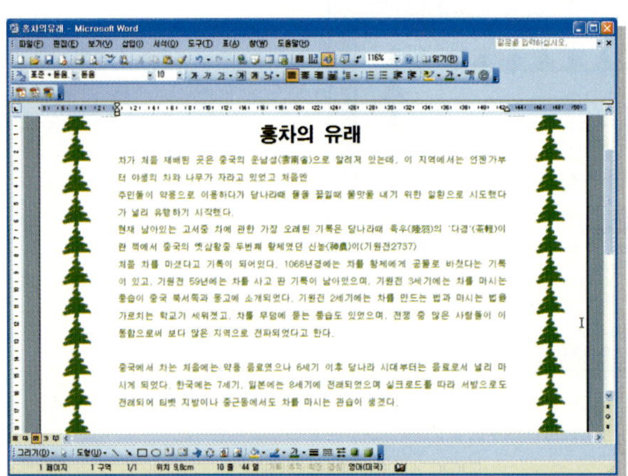

Quiz10. '현재 남아있는 ～ 전파되었다고 한다'의 내용에 테두리를 적용하되 설정은 '상자', 스타일은
'실선', 두께 '1pt'로 설정하시오.

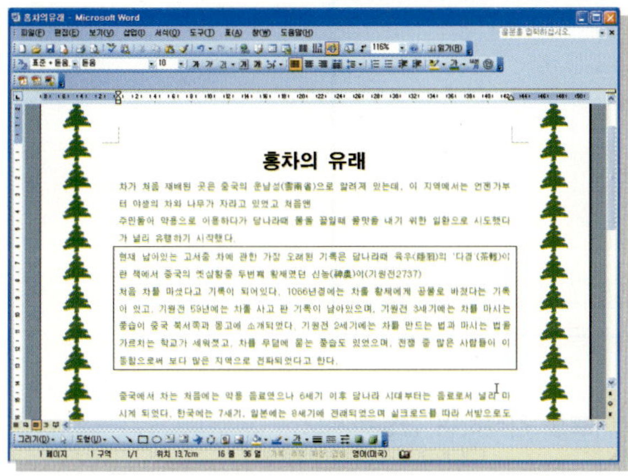

Quiz11. 두 번째 단락과 세 번째 단락을 하나의 단락으로 만드시오.

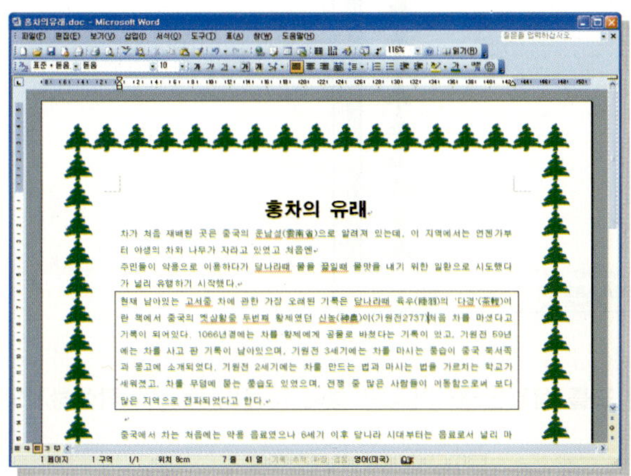

Quiz12. 열린 문서를 '홍차의기원.doc' 파일 이름으로 저장하시오.

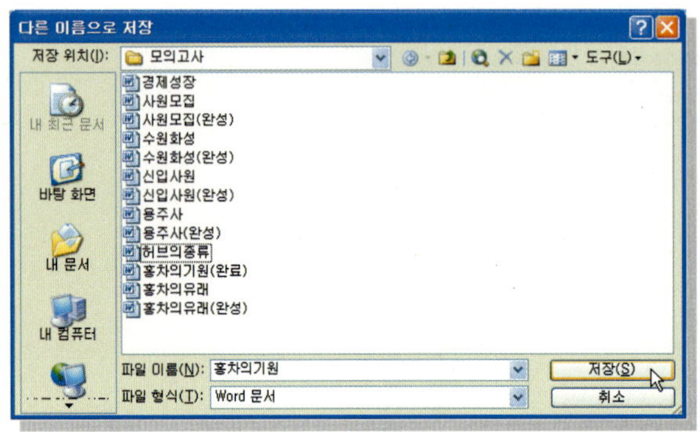

Quiz13. 문서의 끝에 'tea' 관련 클립 아트를 검색하여 삽입하시오.

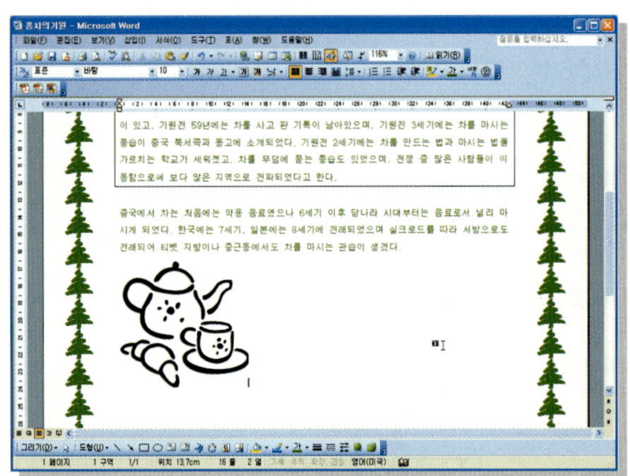

Quiz14. 새 문서를 만들어 5행 8열의 표를 삽입한 후 각각의 셀에 다음의 내용을 작성하시오.

연도	중앙정부 통합배정 수지	국가채무	국가 채무 + 채무보증	GDP	순위	GDP대비 국가 채무 비율	비고
2004년	−1,578	24,545	31,733	178,796	6	13.72	검토
2005년	−4,022	24,681	37,524	216,510	8	12.78	검토
2006년	−1,702	30,974	44,661	245,699	7	12.6	검토
2007년	813	32,846	44,612	277,496	5	11.83	11.83

Quiz15. 표의 1행을 범위 지정한 후 셀의 음영을 '연한 주황'으로 설정하시오.

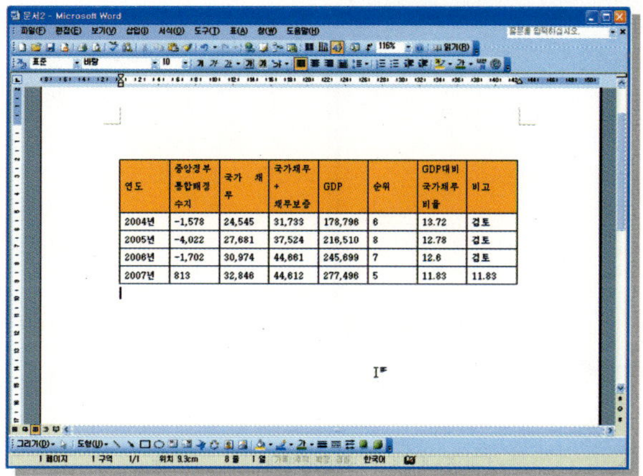

Quiz16. 표의 전체 내용을 범위 지정하여 글꼴을 '돋움', 글꼴 크기 '12'로 설정하시오.

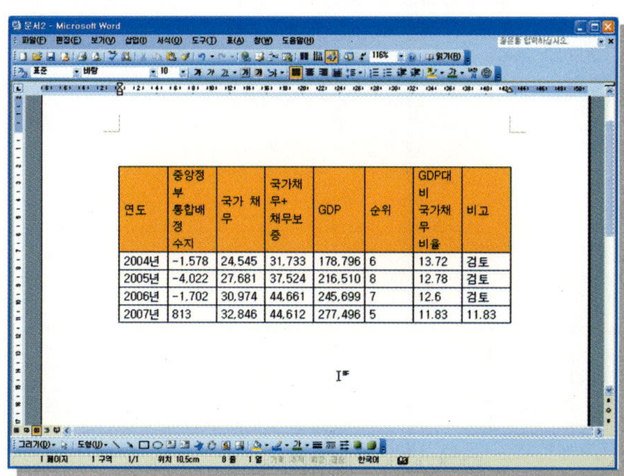

Quiz17. 작성한 표 문서를 '경제성장.doc'로 저장하시오.

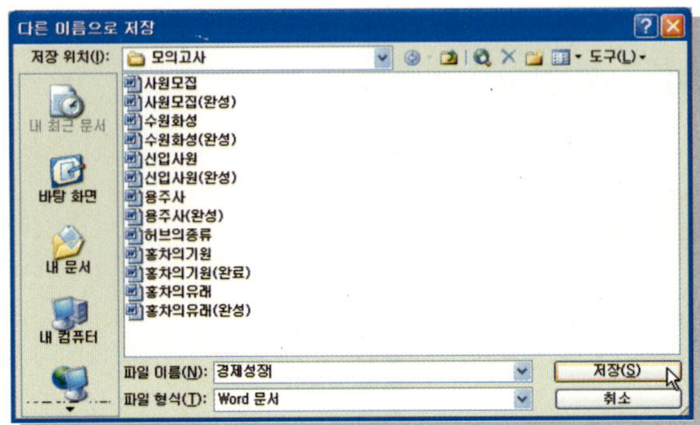

Quiz18. 문서의 위, 아래, 왼쪽, 오른쪽의 여백을 '1.5cm'로 변경하시오.

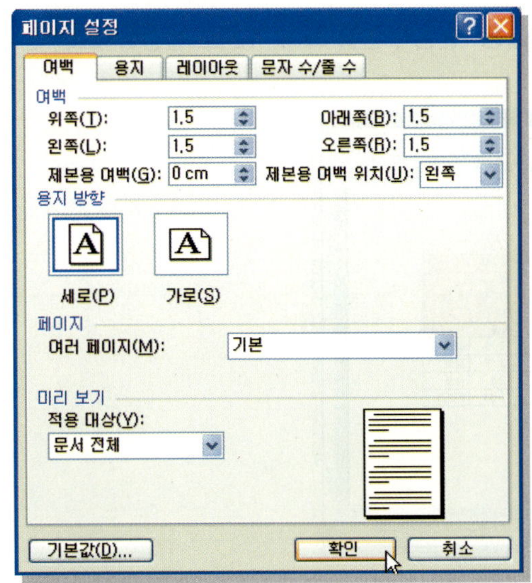

Quiz19. 새 문서를 만들어 다음의 내용을 입력한 후 2행~11행의 내용을 범위 지정한 후 번호 매기기를 적용하시오.

허브의 종류
라벤데(Lavender)
라임블러섬 (Lime Blossom)
레몬그라스 (Lemongrass)
레몬밤 (Lemonbalm)
로즈마리 (Rosemary)
오렌지 플라워 (Orange Flower)
타임
페파민트 (peppermint)
펜넬 (Fennel)
하이보스 (Highbos)

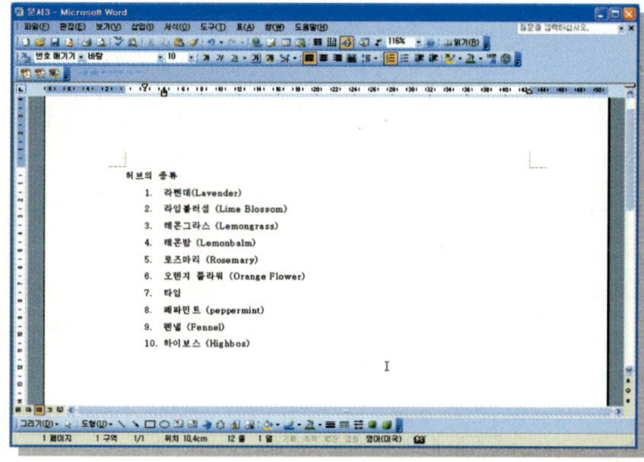

Quiz20. 파일을 '허브의종류.doc'로 저장한 후 2행~11행의 번호를 원문자로 변경한 후 2행~11행에 테두리를 설정하되 테두리 설정은 '상자', 테두리 두께를 '1pt', 음영을 '라임'으로 설정하시오.

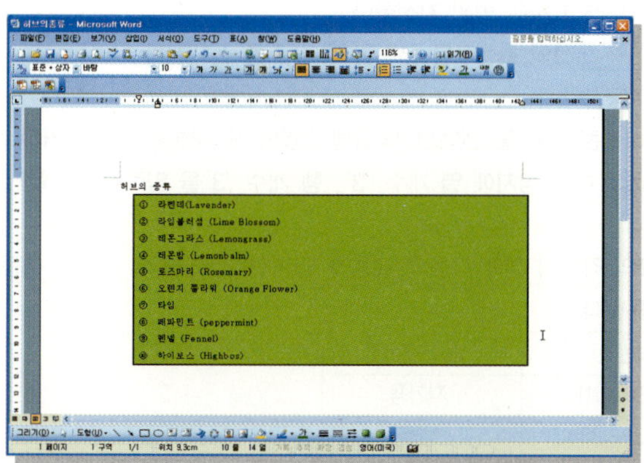

모의고사 1회 풀이

Quiz01. ④ 제목 표시줄은 문서의 파일 이름을 나타내는 곳이므로 제목 표시줄을 더블 클릭하면 프로그램창이 확대하거나 축소된다.

Quiz02. ② 내용은 같은 파일을 복사하는 방법은 이름을 다르게 주어 저장하는 방법이 있다. 파일을 다른 이름을 저장하면 된다.

Quiz03. ② 키보드를 이용한 범위 지정 방법으로 전체 범위 지정은 〈Ctrl+A〉 이다.

Quiz04. ④ 동음어 찾기는 영어에서만 사용할 수 있다.

Quiz05. ④ 번호의 종류 즉 스타일을 바꾸어 사용할 수 있다.

Quiz06. ④ 〈Insert〉 키는 삽입, 겹침 모드 표시이다.

Quiz07. 1. ① [파일]–[열기] 메뉴를 선택하거나 ② 서식 도구 모음의 [열기] 아이콘( )을 클릭한다.

2. [열기] 대화 상자에서 '용주사.doc' 파일을 선택한 후 [열기] 단추를 클릭한다.

Quiz08. 1. [파일]–[다른 이름으로 저장]을 선택한다.

2. [다른 이름으로 저장] 대화 상자에서 파일 이름에 '수원화성'을 입력한 후 [확인] 단추를 클릭한다.

Quiz09. 1. 제목을 마우스를 이용하여 범위 지정한다.

2. 서식 도구 모음의 [가운데 맞춤] 아이콘( )을 선택한다.

3. 서식 도구 모음의 [글꼴] (바탕)을 선택한 후 '순명조' 를 선택한다.

4. 서식 도구 모음의 [글꼴 크기] (10)를 선택한 후 '20' 을 선택한다.

5. 서식 도구 모음의 [글꼴 색]아이콘(가)의 화살표 단추를 선택한 후 '빨강' 을 선택한다.

Quiz10. 1. 2행부터 11행까지 모두 마우스를 드래그 하여 범위 지정한다.

2. 서식 도구 모음의 [글꼴 크기] (10)의 화살표를 클릭한 후 '12' 를 선택한다.

Quiz11. 1. 본문의 내용 중 13행에 커서를 이동한다.

2. 표준 도구모음의 ① [표 삽입] 아이콘( )을 선택한 후 3행 3열의 셀 부분을 선택하거나 ② [표]–[삽입]–[표] 메뉴를 선택하여 [표 삽입] 대화 상자에 열 개수 '3', 행 개수 '3'을 입력한 후 [확인] 단추를 클릭한다.

3. 본문에 표가 삽입되면 삽입된 표의 각각의 셀에 다음의 내용을 입력한다. 셀과 셀 사이를 이동할 때는 키보드의 화살표키나 마우스를 이용한다.

주 소	전화번호	찾아오는 길
경기도 화성시	031) 234 – 1111	자가용
경기도 용인시	031) 123 – 2333	버스

Quiz12. 1. 마우스를 이용하여 표의 1행 부분을 범위 지정한다.

2. 범위 지정된 곳에서 마우스 오른쪽 단추를 클릭하여 [테두리 및 음영]을 선택한다.

3. [테두리 및 음영] 대화 상자에서 [음영] 탭을 선택한다.

4. 음영의 색인 '노랑' 을 선택한 후 [확인] 단추를 클릭한다.

5. 서식 도구 모음의 [가운데 맞춤] 아이콘( )을 선택하여 문자들을 정렬한다.

Quiz13. 1. 표를 마우스를 이용하여 전체적으로 범위를 지정한다.

2. 범위 지정된 곳에서 마우스 오른쪽 단추를 클릭하여 [테두리와 음영]을 선택한다.

3. [테두리 및 음영] 대화 상자에서 [테두리] 탭을 선택한 후 설정은 '모두', 스타일은 '실선', 두께는 '1½pt' 로 선택한 후 미리 보기에서 외곽선과 내부선 모두 선이 적용되었으면 [확인] 단추를 클릭한다.

Quiz14.　1. 제목의 앞에 커서를 넣은 후 [삽입]–[기호] 메뉴를 선택한다.

　　　　2. [기호] 대화 상자의 [기호] 탭에서 글꼴을 '현재 글꼴', 하위 집합을 '여러 가지 딩뱃 기호'로 선택하면 특수문자가 나열되는데 '◆'를 찾아 선택한 후 [삽입] 단추를 클릭하면 제목 앞에 기호가 삽입된다.

　　　　3. 위와 같은 방법으로 제목의 끝에 커서를 넣은 후 '◆' 기호를 삽입한다.

Quiz15.　1. 마우스를 이용하여 본문의 2행부터 12행까지 범위를 지정한다.

　　　　2. [서식]–[단락] 메뉴를 선택한다.

　　　　3. [단락] 대화 상자의 [들여쓰기 및 간격] 탭의 간격 구역의 줄 간격의 화살표를 클릭하여 '1.5줄'을 선택한 후 [확인] 단추를 클릭한다.

Quiz16.　1. [보기]–[머리글/바닥글] 메뉴를 선택한다.

　　　　2. 문서 상단에 점선 박스 처리가 되면서 머리글이라는 안내 문구가 나타난다.

　　　　3. 머리글 부분에 '작성자 : 김명옥'을 입력한다.

　　　　4. 머리글/바닥글 도구 모음의 [닫기] 단추를 클릭한다.

Quiz17.　1. [파일]–[페이지 설정] 메뉴를 선택한다.

　　　　2. [페이지 설정] 대화 상자의 [여백] 탭의 여백 구역에서 위, 아래, 왼쪽, 오른쪽의 여백을 '2'씩 입력한 후 [확인] 단추를 클릭한다. 여백의 단위는 cm 단위이다

Quiz18.　1. [보기]–[머리글/바닥글] 메뉴를 선택한다.

　　　　2. 머리글/바닥글 도구 모음의 [머리글/바닥글로 전환] 아이콘( )을 클릭하여 바닥글 구역으로 위치를 이동한다.

　　　　3. 바닥글로 전환되었으면 [페이지 번호] 아이콘 ( )를 클릭한다.

　　　　4. 페이지 번호를 가운데로 정렬하기 위하여 서식 도구 모음의 [가운데 맞춤] 아이콘( )을 클릭한 후 머리글/바닥글 도구 모음의 [닫기] 단추를 클릭한다.

Quiz19.　1. 첫 번째 단락에 커서를 넣은 후 [서식]–[단락] 메뉴를 선택한다.

　　　　2. [단락] 대화 상자의 [들여쓰기 및 간격] 탭을 선택한 후 들여쓰기 구역의 첫 줄을 '들여쓰기'를 선택한 후 값을 '2글자'로 선택한 후 [확인] 단추를 클릭한다.

Quiz20.　1. '경내에서~유명하다'를 마우스를 이용하여 범위 지정한다.

　　　　2. 서식 도구 모음에 [기울임꼴] 아이콘(가)을 선택한다.

모의고사 2회 풀이

Quiz01. ④ 문서 구조를 나타내거나 제목을 끌어서 텍스트를 이동, 복사, 재구성할 때는 개요 보기에서 작업한다.

Quiz02. ④ [기호] 대화 상자가 열린 상태에서 문서의 편집도 할 수 있다.

Quiz03. ② 워드 프로세서의 화면 표시에 관한 문제로 제목 표시줄은 현재 편집 중인 프로그램과 파일 명을 보여 준다.

Quiz04. ② 글꼴을 변경 할 때 사용하는 것으로 변경할 문장 또는 단어를 범위 지정한 후 선택한다.

Quiz05. ① 스타일에 관한 개념에 대한 설명이다.

Quiz06. ② 문장을 범위로 지정한 후 [글꼴 색] 목록 단추를 클릭하고 색상을 선택한다.

Quiz07. 1. ① [파일]-[열기] 메뉴를 선택하거나 ② 표준 도구 모음의 [열기] 아이콘( )을 클릭한다.

    2. [열기] 대화 상자에서 '신입사원.doc' 파일을 선택한 후 [열기] 단추를 클릭한다.

Quiz08. 1. 마우스를 이용하여 2행~11행을 범위 지정한다.

    2. 글머리 기호의 모양을 변경하기 위하여 범위 지정된 상태에서 마우스 오른쪽 단추를 클릭하여 [글머리 기호 및 번호 매기기] 메뉴를 선택한다.

    3. [글머리 기호 및 번호 매기기] 대화 상자의 [글머리 기호] 탭에서 '■'의 글머리 기호를 선택한 후 [확인] 단추를 클릭한다.

Quiz09. 1. 마우스를 이용하여 2행~11행을 범위 지정한다.

    2. [서식]-[테두리 및 음영] 메뉴를 선택한다.

    3. [테두리 및 음영] 대화 상자에서 테두리 설정은 '상자', 스타일은 '실선', 두께는 '1pt'를 설정한 후 [확인] 단추를 클릭한다.

Quiz10. 1. 마우스를 이용하여 1행을 범위 지정한다.

    2. 서식 도구 모음의 [글꼴](바탕)에서 '돋움'을 선택한다.

    3. 서식 도구 모음의 [글꼴 크기](10)에서 '20'을 선택한다.

    4. 서식 도구 모음의 [굵게] 아이콘( )를 선택한다.

    5. 서식 도구 모음의 [밑줄] 아이콘(가)을 선택한다.

Quiz11. 1. [삽입]-[페이지 번호] 메뉴를 선택한다.

    2. [페이지 번호] 대화 상자에서 위치는 '아래쪽'(바닥글), 맞춤은 '오른쪽'을 선택한 후 [확인] 단추를 클릭한다.

Quiz12. 1. 마우스를 이용하여 2행~11행을 범위 지정한다.

    2. 서식 도구 모음의 [글꼴] (바탕)에서 '궁서'를 선택한다.

Quiz13. 1. [파일]-[다른 이름으로 저장] 메뉴를 선택한다.

    2. [다른 이름으로 저장] 대화 상자에서 파일 이름에 '사원모집'을 입력한 후 [확인] 단추를 클릭한다.

Quiz14. 1. 표준 도구 모음의 [확대/축소] 아이콘(75%)에서 '140%'를 입력한다.

Quiz15. 1. 〈Ctrl+A〉를 눌러 문서 전체를 선택한 후 [서식]-[단락] 메뉴를 선택한다.

    2. [단락] 대화 상자의 [들여쓰기 및 간격] 탭의 간격 구역의 줄 간격의 화살표를 클릭하여 '1.5'를 선택한 후 [확인] 단추를 클릭한다.

Quiz16. 1. 마우스를 이용하여 1행을 범위 지정한다.

    2. 서식 도구 모음의 [글꼴 색] 아이콘(가)의 화살표를 선택한 후 색상 표에서 '녹색'을 선택한다.

Quiz17. 1. [편집]-[바꾸기] 메뉴를 선택한다.

2. [찾기 및 바꾸기] 대화 상자에서 [바꾸기] 탭에서 찾을 내용을 '분류', 바꿀 내용을 '구분'으로 입력한 후 [모두 바꾸기] 단추를 선택한다.

3. '문서 찾기가 끝났다.'는 창이 표시되면 [확인] 단추를 클릭하여 문서의 내용이 바꿀 내용으로 변경된 것을 확인한다.

4. [찾기 및 바꾸기] 대화 상자에서 [닫기] 단추를 클릭한다.

Quiz18. 1. 〈Ctrl+End〉를 눌러 문서 끝으로 이동한다.

2. [표]-[삽입]-[표] 메뉴를 클릭한다.

3. [표 삽입] 대화 상자에서 열 개수 '3', '행 개수 '2'를 설정하고 [확인] 단추를 클릭한다.

4. 각각의 셀 안에 다음의 내용을 입력한다.

교육 일정	인 원	비 고
3.1~3.3	30	연수원

5. 마우스를 이용하여 1행 부분을 범위 지정한다.

6. 범위 지정된 곳에서 마우스 오른쪽 단추를 클릭하여 [테두리 및 음영] 메뉴를 선택한다.

7. [음영] 탭에서 '피랑'을 선택한 후 [확인] 단추를 선택한다.

Quiz19. 1. 표의 전체 내용을 범위 지정한다.

2. 서식 도구 모음의 [글꼴] (바탕)에서 '돋움'을 선택한다.

3. 서식 도구 모음의 [가운데 맞춤] 아이콘(三)을 클릭한다.

Quiz20. 1. [파일]-[다른 이름으로 저장] 메뉴를 선택한다.

2. [다른 이름으로 저장] 대화 상자의 파일 형식을 '일반 텍스트'를 선택한 후 [저장] 단추를 클릭한다.

3. [파일 변환] 대화 상자의 '기본값' 옵션을 선택한 후 [확인] 단추를 클릭한다.

4. 문서가 텍스트 형식으로 저장되었다. [파일]-[닫기] 메뉴를 클릭한다.

5. 텍스트로 저장된 문서를 열기 위해 [파일]-[열기] 메뉴를 선택한다.

6. [열기] 대화 상자에서 파일 형식을 '모든 파일'로 선택한다.

7. 열고자 하는 '사원모집.txt' 파일을 선택한 후 [열기] 단추를 클릭한다.

모의고사 3회 풀이

Quiz01. ① 워드 프로세서 왼쪽 하단의 기본, 웹 모양, 인쇄 모양, 개요, 읽기 모드 중의 하나를 선택하여 문서 보기 방식을 변경하여 편집할 수 있다

Quiz02. ③ 표준 도구 모음의 [서식 복사] 아이콘(✔)를 사용하여 텍스트 서식과 테두리, 채우기 등의 서식을 적용할 수 있다.

Quiz03. ① 글자에 밑줄을 넣어주는 명령어로 밑줄의 목록 단추를 클릭하면 여러 가지가 나타난다.

Quiz04. ③ 이미지를 삽입하기 위해서는 [삽입]-[그림]-[그림 파일] 메뉴를 이용한다.

Quiz05. ③ 문서 전체를 범위 지정하는 것은 문서의 여백에서 마우스 세 번 클릭하면 된다. 키보드를 이용한 범위 지정 방법으로 전체 범위 지정은 〈Ctrl+A〉이다.

Quiz06. 1. [파일]-[열기] 메뉴를 선택한다.

2. [열기] 대화 상자에서 '홍차의유래.doc' 파일을 선택한 후 [열기] 단추를 클릭한다.

Quiz07. 1. [서식]-[테두리 및 음영] 메뉴를 선택한다.

2. [테두리 및 음영] 대화 상자의 [페이지 테두리] 탭을 선택한다.

3. 테두리 장식하기에서 '나무'를 선택한 후 [확인] 단추를 클릭한다.

Quiz08. 1. 1행의 '홍차의 유래'를 범위 지정한다.

2. 서식 도구 모음의 [글꼴](바탕 ▾)에서 'HY견고딕', [글꼴 크기](10 ▾)에서 '20', [가운데 맞춤] 아이콘(▤)을 클릭한다.

Quiz09. 1. 마우스를 이용하여 2행~16행의 내용을 범위 지정한다.

2. 서식 도구 모음의 [글꼴](바탕 ▾)에서 '돋움', [글꼴 색] 아이콘(가 ▾)의 화살표를 클릭하여 '녹색'으로 지정한다.

Quiz10. 1. '현재 남아있는~전파되었다고 한다'의 내용을 마우스로 범위 지정한다.

2. [서식]-[테두리 및 음영] 메뉴를 선택한다.

3. [테두리 및 음영] 대화 상자의 설정은 '상자', 스타일은 '실선', 두께 '1pt'를 선택한다. [확인] 단추를 클릭한다.

Quiz11. 1. 두 번째 단락의 마지막 글자 뒤에 커서를 넣은 후 〈Delete〉 키를 눌러 다음 단락을 가져온다.

Quiz12. 1. [파일]-[다른 이름으로 저장]메뉴를 선택한다.

2. [다른 이름으로 저장] 대화 상자의 파일 이름에 '홍차의기원'을 입력한 [저장] 단추를 클릭한다.

Quiz13. 1. 문서 끝으로 커서를 이동한 후 [삽입]-[그림]-[클립 아트] 메뉴를 선택한다.

2. 오른쪽 작업창에 검색어 'tea'를 입력하고 〈Enter〉 키를 누른다.

3. 클립 아트를 클릭하면 문서에 삽입된다.

Quiz14. 1. 표준 도구 모음의 [새 문서] 아이콘(▢)을 클릭하여 새로운 문서를 연다.

2. ① 표준 도구 모음의 [표 삽입] 아이콘(▦)을 클릭하여 5행 8열의 표를 삽입하거나 ② [표]-[삽입]-[표] 메뉴를 선택하여 [표 삽입] 대화상자에 열 개수 '8', 행 개수 '5'를 입력한 후 [확인] 단추를 클릭한다.

3. 각각의 셀에 다음의 내용을 입력한다.

연도	중앙정부 통합배정 수지	국가채무	국가 채무 + 채무보증	GDP	순위	GDP대비 국가 채무 비율	비고
2004년	−1,578	24,545	31,733	178,796	6	13.72	검토
2005년	−4,022	24,681	37,524	216,510	8	12.78	검토
2006년	−1,702	30,974	44,661	245,699	7	12.6	검토
2007년	813	32,846	44,612	277,496	5	11.83	11.83

Quiz15.　1. 마우스를 이용하여 표의 1행을 범위 지정한다.

　　　　　2. 마우스 오른쪽 단추를 클릭하여 [테두리 및 음영]을 선택한다.

　　　　　3. [테두리 및 음영] 대화 상자의 [음영] 탭을 선택하고 음영색 '연한 주황'을 클릭한 후 [확인] 단추를 클릭한다.

Quiz16.　1. 표를 전체적으로 드래그하여 범위 지정한다.

　　　　　2. 서식 도구 모음의 [글꼴] (바탕 ▼)에서 '돋움', [글꼴 크기] (10 ▼)에서 '12pt'를 선택한다.

Quiz17.　1. [파일]-[저장] 메뉴를 선택한다.

　　　　　2. [다른 이름으로 저장] 대화 상자의 파일 이름에 '경제 성장'을 입력한 후 [저장] 단추를 클릭한다.

Quiz18.　1. [파일]-[페이지 설정] 메뉴를 선택한다.

　　　　　2. [페이지 설정] 대화 상자의 [여백] 탭을 선택한 후 위, 아래, 왼쪽, 오른쪽의 여백을 '1.5'를 입력한 후 [확인] 단추를 클릭한다.

Quiz19.　1. 표준 도구 모음의 [새 문서] 아이콘(▢)을 클릭하여 새로운 문서를 연다.

　　　　　2. 다음의 내용을 입력한다.

　　　　　　　허브의 종류
　　　　　　　라벤데(Lavender)
　　　　　　　라임블러섬 (Lime Blossom)
　　　　　　　레몬그라스 (Lemongrass)
　　　　　　　레몬밤 (Lemonbalm)
　　　　　　　로즈마리 (Rosemary)
　　　　　　　오렌지 플라워 (Orange Flower)
　　　　　　　타임
　　　　　　　페파민트 (peppermint)
　　　　　　　펜넬 (Fennel)
　　　　　　　하이보스 (Highbos)

　　　　　3. 마우스를 이용하여 2행 ~11행을 범위 지정한다.

　　　　　4. 서식 도구 모음의 [번호 매기기] 아이콘(≔)을 클릭한다.

Quiz20.　1. [파일]-[저장] 메뉴를 선택한다.

　　　　　2. [다른 이름으로 저장] 대화 상자의 파일 이름을 '허브의종류'를 입력한 후 [저장] 단추를 클릭한다.

　　　　　3. 마우스를 이용하여 2행~11행을 범위 지정한 후 마우스 오른쪽 단추를 클릭하여 [글머리 기호 및 번호 매기기]를 선택한다.

　　　　　4. [글머리 기호 및 번호 매기기] 대화 상자의 [번호 매기기] 탭을 선택한 후 원문자 형태의 번호를 선택한 후 [확인] 단추를 클릭한다.

　　　　　5. 2행 ~11행을 범위 지정한 후 [서식]-[테두리 및 음영] 메뉴를 선택한다.

　　　　　6. [테두리 및 음영] 대화 상자의 [테두리] 탭을 선택한 후 테두리 설정은 '상자', 테두리 두께를 '1pt'를 적용한다.

　　　　　7. [음영] 탭을 선택한 후 음영색을 '라임'으로 적용한다. [확인] 단추를 클릭한다.

ECDL 협회 (The European Computer Driving Licence Foundation Ltd.)

Third Floor, Portview House
Thorncastle Street
Dublin 4
Ireland

Tel: + 353 1 630 6000
Fax: + 353 1 630 6001

E-mail: info@ecdl.com
URL: www.ecdl.com
ECDL / ICDL 실라버스(Syllabus Version) 버전 5.0은 ECDL 협회 웹 사이트
(www.ecdl.com)에 공표되어 있는 버전입니다.

경고문

ECDL 협회는 본 발행물을 준비하는데 있어 모든 주의를 기울였으나 발행자로서 본 실라버스에 포함된 정보의 완벽성에 대해 어떠한 보증도 하지 않을 뿐 아니라, 오류, 누락, 부정확함 및 정보나 지침 또는 자문에 의해 발생하는 어떠한 종류의 손실이나 손해에 대해서도 책임이나 의무를 지지 않습니다. 본 실라버스는 허가 및 승인 없이는 전부 또는 일부를 복사할 수 없습니다. ECDL 협회는 언제든 사전통지 없이 재량에 따라 내용을 변경할 수 있습니다.

다음은 모듈 3, 워드 프로세싱에 대한 요약으로서, 이 모듈에 포함된 실습기반 테스트 기준을 제공한다.

모듈의 목표

모듈 3　　　　워드 프로세싱은 수험생에게 일상 편지와 문서를 작성하기 위해 워드 프로세서 응용 프로그램을 사용하는 능력을 입증할 것을 요구한다.

수험생은 다음 사항을 할 수 있어야 한다.

- 문서 작업을 하고 이를 다른 파일 형식으로 저장한다.
- 도움말 기능과 같은 내장 옵션을 선택하여 생산성을 향상시킨다.
- 즉시 공유하고 배포할 수 있는 작은 크기의 워드 프로세스 문서를 생성하고 편집한다.
- 배포하기 전에 문서들에 상이한 형식을 적용하여 이를 향상시키고 적절한 형식지정 옵션을 선택하는데 있어서 좋은 기능을 인식한다.
- 문서에 표와 이미지를 삽입하고 개체를 끌어 넣는다.
- 편지병합 작업을 위한 문서를 준비한다.
- 문서를 마지막으로 인쇄하기 전에 문서 페이지 설정을 조정하고 철자를 검사하여 수정한다.

범주	지식 영역	참조번호	지식 항목
3.1 응용 프로그램 사용	3.1.1 문서 작업	3.1.1.1	워드 프로세스 응용 프로그램을 열고 닫는다. 문서를 열고 닫는다.
		3.1.1.2	기본 서식이나 기타 메모, 팩스, 회의자료와 같은 가용한 서식을 기반으로 새로운 문서를 작성한다.
		3.1.1.3	문서를 드라이브의 지정된 위치에 저장한다. 문서를 드라이브에 다른 이름으로 저장한다.
		3.1.1.4	문서를 텍스트 파일, RFT 파일, 서식 파일, 소프트웨어 고유 확장자 및 버전번호와 같은 다른 파일 형식으로 저장한다.
		3.1.1.5	열어 놓은 문서 간 전환
	3.1.2 생산성 향상	3.1.2.	응용 프로그램에서 사용자 이름, 기본 폴더와 같은 기본 옵션/환경설정을 설정하여 문서를 저장한다.
		3.1.2.2	가용한 도움말 기능을 사용한다.
		3.1.2.3	확대/축소 도구를 사용한다.
		3.1.2.4	내장 도구 모음을 표시하거나 숨긴다. 도구 표시줄을 복구하거나 최소화한다.

범주	지식 영역	참조번호	지식 항목
3.2 문서 작성	3.2.1 텍스트 입력	3.2.1.1	페이지 보기 모드 사이를 전환한다.
		3.2.1.2	문서에 텍스트를 입력한다.
		3.2.1.3	ⓒ, ?, ™ 와 같은 기호나 특수문자를 삽입한다.
	3.2.2 선택, 편집	3.2.2.1	스페이스, 단락 표시, 수동 줄 바꿈 표시, 탭 문자와 같이 인쇄되지 않는 양식을 표시하거나 숨긴다.
		3.2.2.2	문자, 단어, 라인, 문장, 단락, 전체 본문을 선택한다.
		3.2.2.3	기존 텍스트 안에 문자나 단어를 입력하거나 제거하여, 혹은 기존 텍스트 위에 겹쳐 쓰기로 내용을 변경한다.
		3.2.2.4	특정한 단어나 문구에 대해 간단한 검색 명령어를 사용한다.
		3.2.2.5	특정한 단어나 문구에 대해 간단한 바꾸기 명령어를 사용한다.
		3.2.2.6	열린 문서 사이에서 문서 내부의 텍스트를 이동시킨다.
		3.2.2.7	텍스트를 삭제한다.
		3.2.2.8	실행 취소, 다시 실행 명령을 사용한다.
3.3 서식 작성	3.3.1 텍스트	3.3.1.1	글꼴 크기, 글꼴 형식과 같은 텍스트 형식을 변경한다.
		3.3.1.2	굵게, 기울임꼴, 밑줄과 같은 텍스트 형식을 적용한다.
		3.3.1.3	윗 첨자와 아래 첨자 텍스트 형식을 적용한다.
		3.3.1.4	텍스트에 상이한 색상을 적용한다.
		3.3.1.5	텍스트에 대소문자 변경을 적용한다.
		3.3.1.6	자동 하이픈 연결을 적용한다.
	3.3.2 단락	3.3.2.1	단락을 작성하고 병합한다.
		3.3.2.2	소프트 캐리지 리턴(라인변경)을 삽입하거나 제거한다.
		3.3.2.3	텍스트 정렬에 있어서 스페이스를 삽입하는 대신 들여쓰기나 탭 도구와 같이 좋은 실례를 인식한다.
		3.3.2.4	텍스트를 왼쪽, 중앙, 오른쪽 및 양쪽 맞춤으로 정렬한다.
		3.3.2.5	단락을 왼쪽, 오른쪽 또는 첫 줄 들여쓰기로

			작성한다.
		3.3.2.6	왼쪽, 중앙, 오른쪽 또는 소수점 맞추기로 탭을 설정, 제거 또는 사용한다.
		3.3.2.7	리턴 키를 사용하는 대신 단락 사이에 공간을 적용하여 단락의 공간을 정하는 좋은 실례를 인식한다.
		3.3.2.8	단락의 위와 아래에 공간을 적용한다. 단락 사이에 1배, 1.5배 또는 2배의 줄 간격을 적용한다.
		3.3.2.9	단일레벨 목록에서 글머리 기호나 번호 매기기를 추가하거나 제거한다. 단일레벨 목록에서 상이한 표준 글머리 기호 또는 번호 매기기 사이를 전환한다.
		3.3.2.10	단락에 테두리 및 음영 색상을 추가한다.
	3.3.3 스타일	3.3.3.1	선택된 텍스트에 기존의 문자 스타일을 적용한다.
		3.3.3.2	하나 이상의 단락에 기존의 단락 스타일을 적용한다.
		3.3.3.3	양식 복사 도구를 사용한다.
3.4 개체	3.4.1 표 작성	3.4.1.1	데이터를 입력할 수 있는 표를 작성한다.
		3.4.1.2	표에 데이터를 입력하거나 편집한다.
		3.4.1.3	행, 열, 셀 및 전체 표를 선택한다.
		3.4.1.4	행과 열을 삽입하거나 삭제한다.
	3.4.2 표 양식	3.4.2.1	열의 폭과 행의 높이를 수정한다.
		3.4.2.2	셀의 테두리선 스타일, 폭 및 색상을 수정한다.
		3.4.2.3	셀에 음영/배경 색상을 추가한다.
	3.4.3 그래픽 개체	3.4.3.1	문서의 지정된 위치에 개체(그림, 이미지, 개체 끌어넣기)를 삽입한다.
		3.4.3.2	개체를 선택한다.
		3.4.3.3	열린 문서 사이에서 문서 안에서 개체를 복사하여 이동시킨다.
		3.4.3.4	개체의 크기를 조정하거나 삭제한다.
3.5 편지 병합	3.5.1 준비	3.5.1.1	편지 병합을 위해 주된 문서로서 문서를 열고 작성한다.
		3.5.1.2	편지 병합을 위해서 발송목록과 그 밖의 데이터 파일을 선택한다.

		3.5.1.3	편지 병합 주된 문서(서한, 주소 레이블)에 데이터 필드를 삽입한다.
	3.5.2 출력	3.5.2.1	발송 목록과 서한, 레이블 문서를 새로운 파일이나 인쇄 출력으로 병합한다.
		3.5.2.2	서한이나 레이블과 같은 편지병합 출력을 인쇄한다.
3.6 출력 준비	3.6.1 설정	3.6.1.1	문서의 방향을 세로 또는 가로로 변경한다. 용지 크기를 변경한다.
		3.6.1.2	전체 문서의 여백(위쪽, 아래쪽, 왼쪽, 오른쪽)을 변경한다.
		3.6.1.3	새 페이지를 추가하는데 있어서 리턴 키를 사용하는 대신 페이지 나누기를 삽입하는 좋은 실례를 인식한다.
		3.6.1.4	문서에서 페이지 나누기를 삽입하거나 삭제한다.
		3.6.1.5	머리글이나 바닥글에 텍스트를 추가하거나 편집한다.
		3.6.1.6	머리글이나 바닥글에 날짜, 페이지 번호 정보, 파일명과 같은 필드를 추가한다.
		3.6.1.7	문서에 페이지 번호 자동부여 기능을 적용한다.
	3.6.2 검사 및 인쇄	3.6.2.1	문서의 철자를 검사하여 철자 오류 수정이나 반복된 단어 삭제와 같은 수정을 가한다.
		3.6.2.2	철자 검사기를 사용하여 내장된 사용자 정의 사전에 단어를 추가한다.
		3.6.2.3	문서를 미리 본다.
		3.6.2.4	전체 문서, 지정된 페이지, 인쇄 매수와 같은 출력 옵션을 사용하여 설치된 프린터로부터 문서를 인쇄한다.

하